# 員工體驗管理
## Employee Experience Management

鄭偉修、李秉懿 著

以人為本，喚醒經營者的初心

| 推薦序 1|
# 讓企業的潛力無限發揮

　　成眞咖啡在企業經營中追求兩個滿意，一是顧客滿意、二是同仁滿意，但要讓顧客滿意前必須先讓同仁滿意，有滿意的同仁就有滿意的顧客。

　　如何讓同仁滿意呢？

**1. 企業文化：**

　　成眞咖啡的理念第一條是「人才」，對任何新夥伴的加入，皆以人才視之使其有備受尊重感，建立學長姐制，讓每一位新人都有人去關懷、傾聽與協助，訓練部門啓動培訓課程，要讓每一位同仁都有學習的機會，把同仁的成長視爲企業的責任。

**2. 允許犯錯：**

　　爲鼓勵同仁創新與勇於嘗試，企業應大膽接受建言，讓創新的火焰在內部燃燒，有時成功有時失敗，成功對企業有莫大貢獻，應予之分享成果，失敗勿過度責難，要允許犯錯的空間，才能讓人才無所顧忌的發揮創意。

**3. 有效溝通：**

　　透過 Work Review 的機制，讓主管與同仁審核過去一個月的工作績效，重點不在打分數，而是充分溝通，這種面對面的溝通，才能建立彼此的信任與共識。

**4. 分享獲利：**

　　透過阿米巴制度，讓組織體變靈活，有一張屬於自己部門的損益表，

並將獲利 20% 與同仁分享，此時所有夥伴都變成老闆思惟，讓企業的潛力無限發揮。

有了以上企業文化與同仁滿意機制，就會產生很棒的「體驗管理」，結合滿意度與敬業度，進而提升顧客滿意度，這本書不止是一套理論系統，更是實踐的法寶，相信會為貴企業帶來經營突破與蛻變，成為擁有一流人才的公司！

王國雄

成真社會企業創辦人

| 推薦序 2|
# 以「人」為本，重新思考企業與員工的關係

在當前商業環境劇烈變遷的時代，企業競爭不再僅限於市場策略與技術創新，而是如何吸引、培養並留住優秀人才。傳統人力資源管理模式已難滿足新世代員工對工作環境、企業文化與個人成長的期望，因此，將「員工體驗管理」納入企業核心戰略，成為全球頂尖企業取得競爭優勢的重要方向。

《員工體驗管理》一書深入剖析這一趨勢，從理論到實踐，幫助讀者理解員工體驗的核心價值。透過數據分析與案例研究，本書揭示了員工體驗如何影響組織績效，並提供轉化為競爭優勢的具體方法。

本書的第一部分探討員工體驗的概念，將其視為企業內部的「顧客體驗」，涵蓋員工在組織中的整體工作歷程，包括環境、流程、職涯發展與薪酬等因素。優質的員工體驗不僅提升敬業度與生產力，亦能增強企業競爭力。書中回顧員工體驗的發展歷程，強調以人為本的管理模式是未來成功的關鍵。

第二部分深入探討全方位的員工體驗管理，從人才吸引、甄選、培育到留任，企業需營造正向雇主品牌，強化文化，並運用數據與科技提升招聘公平性與效率。此外，透過導師制度、跨部門合作與透明溝通，確保員工快速適應職場並提升敬業度。書中還涵蓋了來自全球不同產業的成功案例，範圍擴及台達電、王品集團、Netflix、西南航空、IKEA等企業，展示各行各業如何透過文化塑造、薪酬福利、培訓發展與工作環境優化來提

升員工滿意度與敬業度，如台達電如何強化員工參與、王品集團如何打造企業文化、Netflix 如何以自由與責任打造高績效團隊、西南航空如何以員工為核心營造積極文化等。這些案例展現不同企業如何在競爭中脫穎而出，並提供具體可行的策略。

本書的最後一部分探討員工體驗經理的角色與未來發展，強調員工體驗對企業競爭力的重要性。隨著數據分析與技術進步，企業可透過系統化管理，提升員工滿意度與敬業度。此外，本部分剖析推動員工體驗的挑戰與機會，並介紹如何從優秀邁向卓越，建立永續的體驗管理系統。最後強調慶祝與反思的重要性，以強化企業文化，確保員工體驗管理的持續優化與發展。

本書不僅提供完整的員工體驗管理框架，更啟發讀者從「以人為本」的視角，重新思考企業與員工的關係。企業的成功不再僅限於財務數據，而是能否讓員工在工作中找到價值與成就感，進而與企業共同成長。高度推薦本書給企業管理者、人力資源專業人士及關注未來職場發展的讀者。無論您是希望提升員工敬業度，或尋找有效的優化策略，本書都將帶來深刻的啟發與具體行動指南。

**林文政**
國立中央大學人力資源管理研究所副教授

| 推薦序 3|
# 員工體驗不是一個「選項」,而是一個「必須」

在當今瞬息萬變的商業環境中,企業面臨著前所未有的挑戰與機遇。隨著科技的迅速發展和全球化的加速,企業不再僅僅依賴於產品和服務的品質來獲得競爭優勢,也就是企業管理的重心,不僅在提升外部顧客的滿意度上,而是更加重視內部員工的感受。尤其,隨著 Z 世代逐漸成為職場的主力軍,他們對工作環境、企業文化和職涯發展的期望日益提高,這使得員工體驗的管理變得愈加重要。於是,員工體驗的管理逐漸成為企業成功的關鍵因素之一。這本書《員工體驗管理》正是基於這一背景而誕生,旨在幫助企業重新思考和定義員工體驗,並將其作為企業永續成長的核心策略。

這本書的兩位作者都是我多年的好朋友,他們在各自專業領域都擁有豐富的實戰經驗。鄭偉修老師是一位資深的企管講師及高管顧問/教練,李秉懿老師則是專精人力資源領域的資深顧問/教練。兩位作者不僅專業成就突出,更都以態度誠懇親切的「暖男」特質,以及好學不倦的精神,贏得眾人的尊敬與喜愛,讓他們在職場中不僅是知識的傳遞者,更是心靈的引導者。這本書中所探討的每一個觀點,都是他們在多年的職業生涯中,透過與不同產業的許多公司深入合作與實踐所累積的寶貴經驗,不僅見解深刻而且切合實際,值得從事人力資源管理領域的朋友們運用與參考。

本書的第一部分深入探討「員工體驗」的定義、發展歷程及其核心意

義，幫助讀者理解員工體驗不僅僅是滿意度的提升，更是敬業度的關鍵轉變。透過優化企業形象、提升品牌形象和降低招募成本，企業能夠在激烈的市場競爭中脫穎而出。

著名作家和演說家史蒂芬·柯維（Stephen Covey）說：「優秀的員工體驗管理能夠創造出一個充滿活力的工作環境，這不僅能吸引人才，還能留住人才。」在本書的實踐篇中，兩位作者提供具體的策略和方法，幫助企業在員工的選用、育成和留任方面如何實現全方位的員工體驗管理。從吸引合適的人才、到職的適應、再到持續的培育與成長，每一環節都加以深入分析和探討。這些實踐經驗不僅能夠提升員工的工作滿意度，還能促進企業的整體績效。

此外，書中分享來自全球各地的成功案例，讓讀者能夠從中獲得啟發，了解不同企業如何在員工體驗管理上取得卓越成就。這些案例不僅展示了理論的實踐，更提供了可行的解決方案，幫助企業在面對挑戰時找到突破口。

著名的組織心理學家和作家亞當·格蘭特（Adam Grant）說：「員工體驗是企業文化的延伸，只有當員工感受到被重視和尊重時，他們才能真正投入工作。」在本書的最後章節「展望未來」部分，作者探討了如何持續優化和改進員工體驗管理，並將其深植於企業文化中。隨著時代的進步，員工的期望和需求也在不斷變化，企業必須保持靈活性和創新性，以應對

## 推薦序

這些挑戰。

　　總之，員工體驗管理不僅是一種趨勢，更是一場深刻的組織變革。它重新定義了企業的成功標準，使人力資本不再僅是企業的資源，而是驅動企業發展的關鍵價值。相信這本書能夠為每位讀者提供具體的啟發，幫助讀者在推動員工體驗管理的過程中，為企業、團隊及個人創造更大的價值與意義。

**柯全恒**
天來人才管理顧問公司創辦人暨
新竹市人力資源管理協會理事長

| 推薦序 4|
# 成就卓越 永續成長：員工體驗寶典

　　展讀鄭偉修顧問和李秉懿君合著的大作，全書觀點創新，架構統整完善，文筆清新洗鍊，在這眾聲聲喧嘩的時代裡，顯然是一本體例超卓優質，文采並茂，內容紮實，指引完善的著作。它提供了前沿的方法與工具，說服性的理念以及綜整的企業經營核心策略，使讀者朝向希望和復甦，正向豐盛的道路前進。

　　本書的特色首重理論與實務兼備，概念與應用並行，乃因應當代和能預示未來企業謀求發展的關鍵寶典。全書編排按部就班，鉅細靡遺，是既古典又新穎的案頭實用工具書。可作為企業隨選即用的實踐典範，也可當作教科書閱讀，增添現代人智識生活的樂趣。

　　本書劇力萬鈞，令人捧讀不忍釋手，在我們看到了 CRM 和 CJM 這本書神妙地有機融合，並化為企業內外同時並進的成長動力。我將之稱為 EJM（員工體驗歷程）——員工即顧客，體驗即管理價值，透過以使用者為中心的員工體驗，賦能並增益企業發展的實質意義與內涵。創造良善的員工體驗，便能促進企業經營的業績表現，極大化人資選用育留展的價值，進而推升、鞏固、凝鍊以及黏著，培育高滿意度和全方位敬業的員工。全書強調實踐與發展，在案例中貫徹作者理念，在實踐中履行藉由員工相互信任作為品牌基石，作育具有真誠深化和慶功儀式的優質企業文化。著重深化和慶功，讓企業主和員工攜手同行，邁向永續。而滿意度和敬業度雙

彎並行,則使企業經營一馬平川,企業發展一騎絕塵。

本書諸多的優點中有一吸睛亮點,殊為重要貢獻,在那便是為組織內創建一項特殊角色:員工體驗經理,一個創新的企業樞紐位置與人才。企業中興和永續之道乃在型塑以人為本的企業文化,以本書的立論而言,也就是說,具現並深化員工體驗,觸及並體現於日常經營和業務操作的各個細微之處,才有可能堅實發揮人資的各項功能,顛撲不破地從內而外,展現企業精神和實績。

值此 web 3.0,工業革命 4.0,社會 5.0 的「具身 AI」物理革命,奔赴 2025 年人類歷史進程之超智能社會的當口,因應當前瞬息萬變的經營情勢,企業需要對內更真誠的人性化智慧管理,才能在各行各業站穩立足發展的潛力步伐,迎接時代浪潮的挑戰。

本書所提供的遠見就在這展卷當下;其實踐之道,千里始於足下,成就企業基業常青的趨勢密碼正是:創造員工體驗為其價值本源。

以同理心和創意,把員工當成是企業適應快速更迭潮流的協作共創者,體驗來自經驗,透過設計,在相對感受下,創新企業的再脈絡化,以及這開展韌性中,獲取共善共榮。

值此科技革新海嘯的風口浪尖,能勝出的企業,其管理與經營恰在方

寸之間，共同參與即能改變世界，創建願景。

新科技需要心思維，以人為本，永續常青。

員工體驗管理不是夢想，而是藍圖；不是預言，而是實踐。

**楊世凡**
**國際教練聯盟台灣總會（ICF Taiwan）第九屆理事長**

序言

# 「員工體驗」為何是企業的未來？

員工體驗管理近年來成為企業管理領域的焦點，它強調企業應將員工視為最重要的資產，並透過提升員工滿意度與敬業度，實現企業的長期發展與繁榮。

在過去的管理概念中，企業通常會把關注點放在外部客戶的滿意度上，而忽視了內部員工的感受。但是，現在的企業經營者們越來越認識到，員工是企業最重要的資產，沒有了員工的支持和努力，企業的發展就無法持續。因此，員工體驗管理的觀念應運而生。

根據2024年TTI對Z世代職場期待的調查報告，影響Z世代求職決策的五大關鍵因素分別為：清晰的職涯發展與晉升機會、具競爭力的薪資與福利、挑戰性與創新性的工作內容、個人價值與社會影響力的實現，以及開放透明的企業文化與管理風格；而從這些因素的本質來看，幾乎都與員工體驗有關。因此，在Z世代年輕人逐漸成為工作職場中的主要族群的現在，所有企業都應該更關注Z世代重視的工作條件，進而成為受到新世代期望加入的標竿企業。

## 員工體驗管理計畫──輔導實例

回顧我們在擔任企業管理顧問的初期，曾經協助一家小型企業進行員

工體驗的改善，讓這家公司成功地從小型企業轉型為中大型企業。在我們開始輔導這家企業時，其規模約 50 人。然而，由於管理體系不夠完善，員工之間的溝通與協作不足，許多員工感到缺乏參與感，這導致了許多問題，例如低工作效率和士氣低落。當時，我們開始思考如何幫助這家企業提升員工體驗和整體管理體系。

首先，分析了這家企業現有的管理體系和人員結構。我們和企業負責人與高階主管進行了深入的訪談和問卷調查，以了解企業的目標和當前的現況。然後，我們根據調查資料設計了一個全新的員工體驗管理計畫，目的在提升員工參與感和士氣，並改善企業的管理效率與效能。

這個計畫包括了以下幾個重點：首先，我們重新設計了企業的組織架構，加強了部門之間的溝通和合作。其次，我們推行了定期的員工培訓和發展計畫，提升了員工的管理技能和職涯發展。接著我們展開了員工調查和回饋機制，讓員工有機會向企業提出建設性的意見和建議。

經過了一段時間的實施，這個員工體驗管理計畫開始發揮功效，員工之間的溝通和合作得到了改善，企業的管理效率也得到了提升。同時，員工的參與感和士氣也提高了。隨著時間的推移，這家企業開始穩定的成長，員工的工作效率和士氣不斷提高，企業的業績也不斷攀升。

此時，我們也著手開始優化公司的管理系統，提供了更有效率和方便

的管理工具，以協助公司管理好業務體系。我們也幫助公司建立了一套完整的績效評估系統，使公司可以更好地了解員工的表現情況，及時進行調整和改進。在這個階段，我們開始把員工的訓練擴展到公司內部的各個部門。我們提供了更多的培訓課程，涵蓋了經營管理到市場行銷的各個方面，主要在提高員工的技能和知識水準，以便讓他們能夠創造個人最高的價值，和公司一起成長。

公司逐漸從一個小型企業發展成為一個規模較大的企業。這段時間的過程中，我們也遇到了各種困難和挑戰，及來自傳統管理階層的抗拒，但我們始終堅持以員工體驗為中心的管理理念，並不斷地進行調整和優化，最終取得了良好的成果。

## 員工體驗管理計畫—改善成效

經過一段時間的實踐和調整，我們開始看到了一些成果。員工的工作態度和績效有了明顯的提升，部門之間的合作和溝通也更加順暢。更重要的是，公司的整體業績也開始顯著上升，客戶滿意度和回饋也持續提升。經過多年的努力之後，這家公司已經從一個中小企業發展成為了一家成熟的中大型企業。這樣的成果也促使我們將這套管理模式進一步推廣到其他

的事業單位和團隊，使各個企業都能逐漸建立了一個健康、穩定和高效的員工體驗管理體系。

回首這段歷程，我們深深體會到員工體驗的重要性和價值，優秀的員工體驗管理可以幫助企業提升競爭力和創造價值，同時也能夠讓員工更滿意。因此，我們應該不斷地探索和實踐更有效的體驗管理模式，並將其應用到實際的工作中，進而實現個人和企業的共同成長和進步。

簡單來說，員工體驗管理的目標就是要提高員工對企業的滿意度和敬業度，透過提供良好的工作環境、具有吸引力的薪資福利、完善的培訓計畫等方式，吸引優秀的人才加入企業，並使現有員工感到快樂和滿足，進而提高他們的工作效率和生產力，並促進企業的長期發展。

## 企業文化比策略更重要

員工體驗管理還需要企業與員工之間建立良好的溝通和互動機制，包括提供員工參與企業決策的機會、聆聽員工的意見、提供回饋和支援等，進而建立一種開放、透明、互信的企業文化。

這樣的理念與傳統的經營管理觀念不盡相同，多數人都認為成功的企業是透過聰明的決策和卓越的行銷策略，曾任 HBO 董事長兼總經理，在

## 序言

公司服務28年的李查・普萊普勒（Richard Plepler）在接受採訪時，就強調指出這種觀點存在致命的危險，他認為企業文化比策略還要重要。許多高階主管認為自己是員工獲得智慧的來源，這樣的想法不僅錯誤，而且這樣的主管還經常無視員工的想法、創造力、經驗和智慧，這樣的主管往往讓部屬失去工作的動力。

若員工缺乏表達意見與提出想法的空間，領導力便失去其價值。而若企業文化出現問題，無論公司擁有多前瞻的策略，成功仍遙不可及。如果企業文化強調開放性，主管就會聽到問題，員工就會得到幫助。

因此，建立透明的工作環境、尊重不同聲音和激發員工的工作動機是企業成功的關鍵。賈伯斯曾經表示：「我們僱用聰明的人才後告訴他們該做什麼，這是沒有意義的。我們之所以聘請聰明的人，是希望他們告訴我們該怎麼做。」

所以，員工體驗管理的好處是多方面的，它可以提高員工的工作滿意度和敬業度，降低員工離職率，減少人力資源成本，提高工作效率和生產力，進而提高企業的經濟效益和競爭力，是現代企業不可或缺的管理理念，它能夠幫助企業建立一個良好的雇主品牌，吸引更多優秀的人才加入企業，並在競爭激烈的市場環境中，取得更大的成功。

## 留住對的人才

《從 A 到 A+》成為最暢銷的商業書籍作者吉姆·柯林斯（Jim Collins）在作品《恆久卓越的修煉》中就表示：「為了建立真正卓越的組織，薪酬制度無論採取何種結構，只要目的是去確保公司能吸引並留住對的人才—能自我激勵、自我管理，並且認同公司核心價值的人才，千萬不要「激勵」錯的人。一切都要回到「先找對人」的原則：找對人上車，讓錯的人下車，然後把對的人放在關鍵位子上。」良好的員工體驗管理正是能鞏固此重點。

要進行員工體驗管理，企業在過程中需要注意從員工的角度出發，瞭解員工的需求和期望，並為他們提供相應的支援和幫助；建立起有效的溝通和互動機制，讓員工感受到企業對他們的關注和支持，進而建立一種開放、透明、互信的企業文化；並持續改進和優化管理方式，根據員工的回饋和市場的變化，調整企業的管理策略和方案，確保員工體驗管理的成效。

總結來說，員工體驗管理已成為現代企業不可或缺的策略。它不僅能吸引與留任優秀人才，提升員工滿意度與敬業度，更能促進企業的可持續發展與長遠繁榮。

# CONTENTS ｜目錄

| | |
|---|---|
| **推薦序** 王國雄 / 林文政 / 柯全恒 / 楊世凡 | 2 |
| **序言** 「員工體驗」為何是企業的未來？ | 12 |
| **導讀** 企業永續成長的核心策略 | 22 |

## 壹 . 理念──重新定義「員工體驗」管理

| | |
|---|---|
| **01. 什麼是員工體驗？** | 36 |
| 員工體驗的定義 | 36 |
| 員工體驗的場景 | 37 |
| 員工體驗的發展歷程 | 39 |
| 員工體驗的核心與意義─企業案例 | 43 |
| **02. 從滿意到敬業的關鍵轉變** | 45 |
| 優化企業形象 | 45 |
| 提升品牌形象 | 46 |
| 提高工作效率 | 49 |
| 提升員工滿意度 | 50 |
| 提高員工的敬業程度 | 52 |
| 員工滿意度和工作績效的關聯 | 53 |
| 降低招募成本 | 54 |
| 提升客戶滿意度和業務成果 | 55 |
| **03. 如何讓員工體驗成為競爭優勢？** | 56 |
| 持續優化和改進 | 56 |
| 如何量化員工體驗？ | 57 |

面談與焦點團體 ........................................................... 64
**04. 員工體驗的基本架構** ........................................... 67
員工體驗的三要素 ....................................................... 67
企業文化 ....................................................................... 68
資訊科技 ....................................................................... 70
工作環境 ....................................................................... 71
其他關鍵要素 ............................................................... 72

## 貳．實踐──全方位實現員工選用育留

**01. 吸引與甄選：找到最合適的人才** ...................... 88
清楚傳達企業使命和願景 ........................................... 88
展現獨特的企業文化 ................................................... 89
強化品牌形象與社會責任 ........................................... 91
營造開放及透明的工作環境 ....................................... 92
結構化面試流程 ........................................................... 94
使用技術工具 ............................................................... 95
多元化的面試團隊 ....................................................... 96
即時回覆的重要性 ....................................................... 97
**02. 到職與任用：讓人才在正確位置上發揮價值** ... 105
到職第一天的行程安排 ............................................. 105
適應並融入企業文化的活動 ..................................... 108
快速適應工作環境 ..................................................... 112
提高員工敬業度以減少人才流失 ............................. 115

# CONTENTS ｜目錄

強化部門之間的溝通與合作 ..... 117
實施適才適所的工作分配 ..... 121
建立系統化的表彰機制 ..... 124
優化工作環境 ..... 132
**03. 培育與成長：協助員工發揮潛力** ..... 135
鼓勵員工參加職涯發展計畫 ..... 137
建立和諧互助的工作環境 ..... 140
設計定期回饋機制 ..... 141
何謂「教練」 ..... 146
**04. 留任與關懷：營造長期的歸屬感** ..... 150
在工作中實現個人夢想 ..... 150
彈性開放的工作環境 ..... 152
離職面談的重點 ..... 156
保持聯繫以維持友好關係 ..... 163

## 參 . 案例——全球視角的實踐與探索
### 01. 台灣企業的典範學習 ..... 170
台達電—強化溝通和參與，提高員工滿意度和敬業度 ..... 170
王品集團—讓「敢拼，能賺，愛玩」變成團隊 DNA ..... 173
歐德傢俱集團—「尊重個人、重視貢獻」為核心價值 ..... 178
### 02. 亞洲職場的獨特魅力 ..... 182
京都陶瓷—以「讓人感到幸福」作為經營理念 ..... 182
Grab 載客平台—努力提升團隊工作的滿意度 ..... 185

Shopee（蝦皮購物）—提升敬業度，優化業績表現 ——— 188
**03. 歐美企業的人才發展** ——— 193
Netflix—自由與責任的極致實踐 ——— 193
西南航空—創造積極正向的工作環境 ——— 198
IKEA—尊重每位員工的獨特性 ——— 201

# 肆．發展——持續努力邁向卓越

## 01. 員工體驗經理的未來角色 ——— 210
員工體驗經理的角色和貢獻 ——— 211
員工體驗經理面臨的挑戰和機會 ——— 214
未來的發展趨勢和前景 ——— 216
公司如何培養員工體驗經理 ——— 217

## 02. 推動員工體驗的挑戰與機會 ——— 221
建立清晰的衡量架構 ——— 221
員工體驗的衡量工具 ——— 223
分析數據與診斷問題 ——— 224
實施改進與持續追蹤 ——— 225

## 03. 從優秀到卓越：打造永續的體驗管理系統 ——— 226
「最佳雇主」獎項 ——— 226
「幸福企業」獎項 ——— 228
「企業永續」獎項 ——— 230

## 04. 下一步：深化與慶功 ——— 233

**結語** 成就卓越企業的核心策略 ——— 237

# 企業永續成長的核心策略

在今日瞬息萬變的商業環境中，企業面臨著無數挑戰，從市場變化到全球化競爭，從技術革新到消費者需求的轉變。然而，這一切挑戰的核心，無疑都是人才爭奪戰（The War for Talent）。過去的管理模式往往聚焦於提升外部顧客滿意度，而忽略了內部員工的感受。然而，現今的企業經營者逐漸意識到，若缺乏員工的支持與努力，企業將難以持續發展。也就是說，企業的成功在於能否吸引、發展和留任人才，這正是為什麼員工體驗越來越重要的原因。

員工體驗管理（Employee Experience Management）近年來成為企業管理領域的關鍵趨勢，它強調企業應將員工視為最重要的資產，並以提升員工滿意度與敬業度為核心目標，以達成企業的永續發展。

## 企業文化與員工體驗的關聯

在1973年春天的某個夜晚，美國田納西州的曼非斯國際機場（Memphis International Airport）見證了一個傳奇企業的誕生，389名員工將186個包裹裝上14架飛機，正式啟動了聯邦快遞（FedEx）的首次貨運。這個顛覆物流產業的創新構想，源自耶魯大學的一份作業，一個曾被教授評為「極不切實際」的點子。然而，這個大膽的想法卻來自年輕的菲德里

克·史密斯（Frederick Smith），最終推動了全球快遞產業的革命。

史密斯從小就對飛行充滿熱愛，15歲時便已能夠自行駕駛飛機，在耶魯大學就讀時，他不僅重建了飛行俱樂部，還經營一家小型飛機租賃公司。在這段期間，他萌生了一個嶄新的構想——利用飛機在夜間運送緊急小型貨物，確保次日能夠準時送達目的地。這個想法雖然在當時被許多人質疑，但他堅信這將是運輸產業的未來。

為了將構想變成現實，史密斯投入了自己繼承的四百萬美元資金，並不斷尋求投資人支持。在早期營運中並不順遂，聯邦快遞每月虧損高達一百萬美元，甚至一度面臨倒閉風險，然而，史密斯並未放棄，堅持創新並改進營運模式，逐步建立起高效的物流體系。更重要的是，他相信企業的成功不僅取決於商業模式，更仰賴於一個以信任、尊重和團隊合作為核心的企業文化，這種文化讓聯邦快遞的員工在困境中依然保持團結，共同奮鬥，最終將公司推向成功。

史密斯的故事提供了一個寶貴的啟示：卓越的領導者不僅要具備創新思維，更要專注於建立能夠激發員工潛能、促進團隊合作的企業文化。聯邦快遞的成功不僅來自於精準的物流網絡，更來自於史密斯所塑造的企業價值觀——以信任、尊重和支持為基礎，讓每位員工都能在工作中找到價值和歸屬感。這樣的文化不僅能提升員工體驗，也能推動企業長遠發展，

導讀

讓團隊在挑戰中突破極限，創造出超越預期的成就。正如聯邦快遞從一個被低估的點子，發展成為全球快遞行業的佼佼者一樣，透過培養正面的員工體驗和企業文化，我們所帶領的團隊也能夠實現超越預期的成就，創造一個充滿激情和活力的工作環境，為公司的長遠發展奠定堅實的基礎。

## 實踐中的員工體驗管理

在 Google，每位員工的日常工作都充滿著機會與挑戰，這家科技巨擘不僅以其創新的產品改變了世界，同時也在員工體驗管理上設立了產業標準。Google 長期以來被認為是員工體驗管理的典範，不僅因為其領先的薪酬福利水準，更因為其建立了一個鼓勵創新、支持學習和個人成長的工作環境。隨著越來越多優秀人才的加入，Google 的企業文化和工作環境受到了外界廣泛的好奇和關注。Google 的成功，證明了投資於員工體驗不僅能提升員工滿意度和敬業度，還能直接促進企業的創新能力和經營成果。這背後的原因是多方面的，但最核心的是 Google 對於建立一個開放、包容工作環境的重視，以及對員工個人成長和職涯發展的支持。

Google 的企業文化強調每位員工的意見都值得被聽見和尊重，這樣的文化在全球都有非常好的聲譽。正是這種文化，吸引了許多優秀人才的加

入，並透過跨部門合作、創新的技術應用，以及對細節的關注，共同創造出創新的產品和服務。尤其在 COVID-19 疫情期間，Google 的靈活性和創新能力得到了進一步的檢驗，面對不能出差和實體會議的限制，透過線上溝通和協調，以及改善硬體和相關輔助設備，克服種種的挑戰，不僅證明了 Google 強大的技術能力和資源優勢，更突顯了其員工高度的適應性和解決問題的能力。

由此可見，建立一個鼓勵創新、支持學習和個人成長的工作環境，對於激發員工潛力、增強團隊合作和推動公司創新有著重要的價值。我們也可以思考，如何在自己的團隊和組織中推動類似的制度措施，以促進員工的全面發展和企業的長期成功。

## 面向未來的員工體驗策略

在我們深入員工體驗管理的精髓時，將會發現員工體驗並非僅僅關乎於工作環境的改善，更重要的是如何在組織內部營造一種讓每個人都能感受到自己的價值和貢獻被認可的文化。無論高階主管還是基層員工，都能成為推動這種文化變革的力量。

員工體驗的理念要植入組織的每一個角落，從招募、培訓、日常作業

到員工離職的每一個階段，都要被細心考量和設計，以確保每位員工的體驗旅程都是豐富且有意義的。我們會提供具體的策略和方法，幫助組織創造一個支持員工全方位發展的生態系統。此外，良好的溝通不僅是分享資訊的手段，更是建立信任和理解的橋樑。有效的溝通能讓員工感到自己的聲音被聽見、貢獻被看見，並且對於企業目標有共同的認知和承諾。

當然，在推動員工體驗管理時也會面對挑戰和障礙，無論是預算的限制、組織變革的抗拒，還是員工多樣性帶來的挑戰，都需要以創新和靈活的思維去應對。透過案例分析，本書將分享組織如何在面對這些挑戰時找到解決方案，並將其轉化為促進組織成長的機會。

員工體驗管理已從一項可有可無的支持功能，進化為企業成功的核心策略。本書聚焦於員工體驗的深度探討，從理念到實踐，從案例分析到未來展望，全面展示如何透過優化員工體驗，提升企業的經營效益與競爭力。本書涵蓋了員工體驗管理的各個面向，結合創新理論與實踐，目的在引領讀者洞察員工體驗的本質，並找到具體的落地方法。

## ⊙理念篇：重新定義員工體驗

從什麼是員工體驗開始，我們探討如何將這一概念轉化為實際的管理架構與行動指南。無論是從滿意度到敬業度的轉變，還是員工體驗對企業

文化與品牌的深遠影響，本篇將奠定讀者對員工體驗的全面理解，並啟發其思考如何將其融入企業的核心價值中。

## ⊙實踐篇：全方位實現選用育留

進一步深入到員工生命週期管理的每一環節，實踐篇聚焦於「選用育留」的核心策略。如何吸引並選拔合適的人才？如何幫助新人融入並發揮潛力？如何設計持續成長的培育機制，並營造長期的歸屬感？這些問題在本篇中都有詳細的論述。

## ⊙案例篇：全球視角的實踐探索

為了使讀者對員工體驗的應用有更具體的理解，本書以全球化視角呈現全世界各地的實踐案例。無論是台灣的典範、亞洲地區的文化融合，及歐美等企業的案例，都為讀者提供了具體的啟發與學習素材。

## ⊙發展篇：持續努力邁向卓越

本書還會帶領讀者展望員工體驗的未來發展方向，探討如何將員工體驗深植於企業的 DNA，應對挑戰並把握機會，同時管理與衡量成功，勉勵所有的企業持續努力，從優秀邁向卓越。

導讀

## 企業員工體驗管理自我檢核表

| 序 | 項目 | 詳細描述 | 1～5分 |
|---|---|---|---|
| 1 | 招募過程透明度 | 招募資訊是否清晰、準確,包括職位說明、薪酬範圍及晉升途徑。 | |
| 2 | 企業文化展現 | 公司是否有明確的價值觀和使命,並且透過各種管道向潛在及現有員工展現。 | |
| 3 | 員工發展機會 | 是否提供員工培訓、學習和發展機會,包括內部晉升的機會。 | |
| 4 | 工作與生活平衡 | 公司是否提供彈性工作時間、遠距工作選擇等,支持員工達到工作與生活的平衡。 | |
| 5 | 溝通與回饋機制 | 員工是否能夠自由表達意見,公司是否有收集和回應員工回饋的制度。 | |
| 6 | 員工認可與獎勵 | 是否有系統性的肯定員工和獎勵機制,以表彰員工的優秀表現和貢獻。 | |
| 7 | 工作環境與設施 | 辦公環境是否安全、舒適,設施是否滿足員工的工作需求。 | |
| 8 | 員工健康與福利 | 是否提供競爭力的健康保險、退休福利及其他員工福利。 | |
| 9 | 多樣性與包容性 | 企業是否推廣多樣性和包容性的企業文化,並在人才招募和訓練發展過程中體現。 | |
| 10 | 員工離職和留任策略 | 是否有有效策略處理員工離職,並採取措施留住關鍵人才。 | |
| 11 | 領導力與管理 | 主管是否展現出良好的領導力和管理能力,為員工提供清晰的方向和支持。 | |

| | | | |
|---|---|---|---|
| 12 | 個人學習與成長機會 | 是否鼓勵和支持員工的個人成長,提供學習資源和發展機會。 | |
| 13 | 員工敬業度 | 是否定期舉辦活動和會議來增強員工的敬業度與對公司的認同感。 | |
| 14 | 績效評估公正性 | 績效評估過程是否公開、公正,並且與員工的個人發展目標相結合。 | |
| 15 | 鼓勵創新與創意 | 是否鼓勵員工提出創新想法,並對創意提出者給予認可和獎勵。 | |
| 16 | 團隊合作與員工社群 | 是否培養強大的團隊精神和員工社群,促進員工間的合作和支持。 | |
| 17 | 工作自主性與彈性 | 是否給予員工足夠的自主性在工作上做決定,以及提供彈性的工作方式。 | |
| 18 | 心理健康與支持 | 是否關注員工的心理健康,提供必要的支持和資源,如心理諮詢服務。 | |
| 19 | 員工建言被採納的機會 | 是否有管道讓員工表達自己的意見和建議,並確保這些意見被主管考慮或採納。 | |
| 20 | 組織變革管理 | 在組織變革期間,是否有策略和溝通計畫來支持員工,減少不確定性和壓力。 | |

評分標準:
1 分:非常不滿意 / 完全未實施
2 分:不滿意 / 需要大幅改善
3 分:普通 / 有進行,但效果一般
4 分:滿意 / 執行良好,但仍有提升空間
5 分:非常滿意 / 完全符合或超出期望

企業可以根據檢核表評分總和來評估自身的員工體驗管理狀況，以下提供參考建議：

## 90～100 分：卓越企業（員工體驗模範生）

**企業定位**：公司已建立完整且優質的員工體驗管理體系，並且在人才吸引、發展、留任與文化塑造方面表現卓越。

**建議行動**：持續精進細節，推動創新措施，例如增加個人化員工關懷、強化數據分析來優化員工滿意度，並持續提升企業文化影響力，成為業界標竿。

## 75～89 分：優良企業（具競爭力但仍可優化）

**企業定位**：公司已在多數員工體驗面向上達到良好標準，員工滿意度與敬業度普遍較高，但仍有部分區域可提升。

**建議行動**：針對評分較低的項目進行精準改善，例如強化內部溝通、增加職涯發展資源或提供更多創新激勵機制，以確保企業能夠進一步鞏固員工忠誠度。

**60〜74 分：發展中企業（需改善的員工體驗）**

**企業定位**：企業在員工體驗管理方面已有基礎，但仍有明顯的改善空間。部分員工可能對工作環境、成長機會或管理層的支持感到不滿，影響留任率與企業競爭力。

**建議行動**：透過員工調查找出最需要優化的關鍵領域，例如薪酬制度、培訓發展或員工認可機制。設立明確的改善計畫，例如定期員工回饋機制、主管領導力培訓、提升彈性工作安排等，並強化企業文化推廣與溝通，提高員工對企業價值的認同感。

**40〜59 分：高風險企業（員工體驗管理薄弱）**

**企業定位**：企業在員工體驗方面存在明顯不足，可能影響員工士氣、敬業度與留任率，進而影響業務表現與品牌形象。

**建議行動**：透過問卷、訪談等方式了解員工主要不滿意的問題點，並針對關鍵領域（如薪酬公平性、溝通管道、管理層支持等）進行改革。短期內採取具體措施，如改善員工福利、提升領導力訓練、建立更透明的溝通回饋機制，以提升員工信任度。

**0～39分：嚴重問題企業（需立即改善）**

　　**企業定位**：企業在員工體驗管理上幾乎沒有系統性的措施，可能導致高流動率、低敬業度，甚至影響企業聲譽。

　　**建議行動**：立即成立員工體驗專案小組，盤點現有問題並制定改善計畫。強化員工基本權益，如薪酬公平性、工作環境改善、溝通透明度。向業界標竿企業學習最佳實踐案例，並尋求專業顧問或內部專家進行改革輔導。

　　企業可透過這份檢核表快速了解自身員工體驗管理的優勢與不足，並透過具體行動來優化內部管理，提升員工滿意度與忠誠度。優秀的員工體驗管理不僅能夠提升企業競爭力，更能夠塑造正向的企業文化，吸引並留住優秀人才。

　　本書不僅是企業主、高階主管與人資專業人士的實用指南，也是所有關注職場幸福感與組織成長讀者的靈感來源。透過豐富的案例與實踐建議，我們希望為每位讀者帶來具體可行的啟發，讓自己的角色中成為推動員工體驗管理的力量，為企業、團隊及個人創造更大的價值與意義。

　　員工體驗管理不僅是一種趨勢，更是一場深刻的組織變革。它重新定義了企業的成功標準，使人力資本不再僅是企業的資源，更成為驅動企業發展的關鍵價值。本書將帶領你深入探索這場組織革命的每一個細節，幫

助你的組織或領導的團隊在競爭中脫穎而出，贏在員工體驗。

最後，本書要強調的是，關注員工體驗並非一時之舉，而是需要長期投入和投資的歷程，因為隨著時代的進步和社會的變遷，員工的期望和需求也在不斷地變化。因此，持續的學習、評估和創新將是任何組織都不能忽視的課題。透過閱讀本書，希望讀者能夠獲得靈感和勇氣，不僅為自己和團隊創造更好的工作環境，也為推動員工體驗的重要性做出貢獻。讓我們來攜手創造一個更加人性化、更充滿活力和創造力的工作世界吧！

以上的這張員工體驗檢核表，可以幫助企業評估自身在提供優質員工體驗方面的現狀。這個檢核表將涵蓋從吸引人才到員工成長等多個方面，並提供一個評分項，讓企業能夠自我評估並找到改進的空間。

透過這個檢核表，企業能夠對照並評估自己在員工體驗管理方面的表現，進而找到改善的方向，為打造更好的員工體驗奠定基礎。

# 壹.

## 理念 ｜ 重新定義「員工體驗」管理

◎ 什麼是員工體驗？
◎ 從滿意到敬業的關鍵轉變
◎ 如何讓員工體驗成為競爭優勢？
◎ 員工體驗的基本架構

第一章｜理念 重新定義「員工體驗」管理

## 01. 什麼是員工體驗？

什麼是員工體驗？顧客體驗（Customer Experience，簡稱 CX）為人所熟知，指的是顧客從接觸商品或服務至售後階段的整體體驗。員工體驗（Employee Experience，簡稱 EX）則是指員工在企業中的整體工作歷程，包括工作環境、流程、職涯發展機會及薪酬福利等。這一概念源自顧客體驗，將企業關注點從外部顧客延伸至內部員工。

### 員工體驗的定義

根據 Yadav 和 Vihari（2023）的定義，員工體驗是「員工在組織任職期間，從與潛在員工最初接觸開始到其離職為止，透過各種互動中所獲得員工一系列的意見或觀點」。員工體驗是指員工在工作環境中所感受到的情感、態度、情緒和知覺的綜合體。它涵蓋了員工在工作過程中的各種互動、經驗和感受，並反映了他們對組織文化、工作條件、工作關係和管理方式等方面的評價。而這個定義可從以下幾個角度來進一步闡述：

**1. 個體導向：**員工體驗關注的是個人在工作中所體驗到的感受和觀點。每位員工對工作環境的評價和感受可能有所不同，這取決於他們的背景、

價值觀、動機和需求等因素。

**2. 情感和情緒：** 員工體驗涉及到情感和情緒的表達和體驗。這包括員工對工作的興奮、滿足、壓力、挫折等情感的感受，以及這些情緒對其工作態度和行為的影響。

**3. 工作環境：** 員工體驗受到工作環境的影響，包括組織文化、工作氛圍、工作安排、合作和溝通方式、工作資源等因素。一個支持性、有挑戰性且具有正向工作環境的組織，有助於提升員工的體驗。

**4. 管理和領導：** 員工體驗受到領導和管理風格的塑造。主管有效的領導和管理行為能夠激發員工的積極性、自主性和敬業度，並建立正向的工作關係。這對於提升員工體驗至關重要。

**5. 效能和成效：** 員工體驗與工作效能和組織成效有關。當員工在工作中獲得積極的體驗時，他們更有可能表現出高度的工作投入和效能，進而提高組織的生產力和績效。

綜上所述，員工體驗的定義包括了個體導向、情感和情緒、工作環境、領導和管理以及效能和成效等方面。這一定義強調了員工在工作中的主觀感受和觀點，以及這些感受對他們的態度和行為的重要影響。

## 員工體驗的場景

想像一個場景，如果一位優秀的員工剛來新公司報到，感受到的是下

第一章｜理念 重新定義「員工體驗」管理

面這樣的氛圍：

當我第一次進入這家公司時，我感到驚訝和興奮。我感覺自己置身於一個充滿活力和創意的環境中，這讓我感到非常舒適和放鬆。我感覺自己受到了公司的重視和尊重，這種感覺讓我非常印象深刻。

當走進公司的大門，我看到了一個寬敞而現代化的辦公區域，裡面有許多人在工作。我聽到了各種不同的聲音，有人互相討論的聲音，也有輕鬆和開心的笑聲，這種氛圍讓我感覺到公司注重的不僅僅是工作效率，還包括員工的情感需求和生活體驗。

我發現公司員工十分友善且熱情，彼此之間的交流與合作讓我能夠輕鬆融入新工作。他們不吝分享知識和經驗，讓我感覺自己在這裡能夠學到很多東西。他們也非常尊重我的意見和想法，讓我感到自己在這裡是一個重要的成員。我也注意到公司裡有許多關注員工發展和成長的計畫和培訓課程，這讓我感到非常的興奮，因為這些機會可以幫助我不斷提升自己的專業技能和個人能力。這種關注員工發展的文化和價值觀，也讓我感到公司真正關心員工的長期利益和幸福感。

在這家公司工作，我也感受到了非常多的正向能量和積極的態度。我發現自己不僅是在一個工作場所中，更是在一個充滿生命力和創造力的社群中。這裡的人們充滿熱情和動力，讓我感到非常振奮和激勵。最重要的是，我感受到這家公司對員工的關愛和支持，這不僅體現在工作上，也體現在員工的生活和健康方面。公司提供了各式各樣的福利和支援，從健康

保險到健身房、健康飲食和心理健康的支持，讓我感受到公司真正關心員工的身心健康和幸福感。

總結來說，這家重視員工體驗的公司讓我倍感幸運與榮耀，我覺得自己是在一個非常好的環境中工作。這裡充滿著工作熱情、創意和生命力，讓我感受到無限的可能性和希望，我知道自己在這裡可以實現自己的夢想和目標，也可以為公司和社會做出自己的貢獻。

很棒的體驗！是不是？

相信很多公司都希望打造出這樣的組織氛圍。我們都清楚的知道，員工是企業最重要的資源之一，員工對企業的發展和成就有著至關重要的作用。因此，企業原本就應該重視員工的需求和感受，提供良好的工作體驗，以吸引和留住優秀的員工，提高員工的工作滿意度和敬業度，才能讓企業具有競爭優勢。

## 員工體驗的發展歷程

近年來，員工體驗的概念在學術研究和企業實務中引起了廣泛關注。這種關注範圍包括人力資源和組織研究，有學者認為體驗式方法可以超越僅追求消費者的享樂，而追求更具實質意義的目標，例如工作效率、生產力和利潤等。

在 2008 年，學者 Abhari 等人發表了一篇名為〈透過理解提升顧客體

第一章 | 理念 重新定義「員工體驗」管理

驗：員工體驗管理〉的文章，他們是最初期提出員工體驗管理概念的學者。當時，這個概念被視為成功顧客體驗管理策略的驅動力。然而，初期的學者們認為員工體驗管理僅適用於服務業，例如飯店業、零售業或專業服務等行業，並未納入組織和人力資源管理的觀點。

然而，於 2017 年，Jacob Morgan 在其著作《員工體驗的優勢》（The Employee Experience Advantage）中將員工體驗概念導入組織和人力資源管理的視角。Morgan 認為員工體驗是組織在設計與滿足員工期望與需求的互動過程，它不僅是企業創新的源泉和提高顧客滿意度的方式，也是吸引人才、提高員工敬業度和提升組織績效的重要策略。這個定義強調了顧客體驗和員工體驗之間的緊密關聯性，以及員工滿意度對其工作體驗的關鍵影響。

同時，Maylett 和 Wride 在他們 2017 年的著作《員工體驗》一書中指出，創造一個持續且優秀的顧客體驗，首先組織需要創造一個長期令人滿意的員工體驗。

對員工體驗的重視與發展，更早可以追溯到 1970 年代的人本主義（humanism）運動。該運動強調對人的尊重和尊嚴，提倡企業應該把員工當作價值的創造者和維護者，並且要滿足員工的需要和期望。此外，人本主義還強調企業應該營造一個人性化的工作環境，讓員工能夠感到自己的工作有意義，並且能夠得到相應的回報。

隨著經濟全球化和市場競爭的加劇，企業越來越覺察到人才的重要性

和價值，進而開始關注員工的需求和期望，透過不斷改善工作環境和福利，提高員工的滿意度和工作效率，進而提高企業的競爭力和經營績效。這也是員工體驗管理概念逐漸形成的背景。

員工體驗管理既然是一種基於人本主義的管理概念，其核心自然是**以員工為中心，透過創造良好的工作體驗來提高員工滿意度和工作效率，進而提高企業的績效和競爭力**。員工體驗管理強調企業應該重視員工的需求和期望，從員工的角度出發，透過改善工作環境和福利，提高員工的工作滿意度和敬業度（employee engagement），進而實現企業和員工的雙贏。

因此，企業應該積極建立正向的工作環境，包括自由和開放的文化、積極的工作氛圍、良好的溝通和回饋機制、公平的薪酬和福利制度等，這些因素可以激勵員工的積極性和創造性，提高員工的工作效率和生產力。同時也應關注員工的全面需求，包括物質和非物質方面的需求，物質需求包括薪酬、福利、工作環境等，及非物質方面的需求包括自我效能、自我實現、成就感等。企業應該透過不斷改善這些方面來滿足員工的需求和期望，包括提供培訓和職涯發展機會、定期進行績效評估和回饋、設計良好的晉升和晉級管道等。這些措施可以幫助員工實現個人的職涯目標和自我價值，進而提高員工的滿意度和敬業度。

全球化的人才競爭日益激烈，企業之間為了獲得頂尖的人才而展開激烈的角逐。隨著科技的快速發展、全球化的經濟和新興產業的崛起，對於具有專業技能和創新能力的人才需求越來越高。在這樣的環境下，企業

## 第一章 | 理念 重新定義「員工體驗」管理

需要提供一個吸引人才的環境和條件，使優秀的人才願意加入並留在組織中。這就需要關注員工體驗，提供給員工更加有意義和豐富的工作體驗，以贏得他們的青睞。

其次，人才稀缺是推動員工體驗重要性的另一個原因。在某些領域和產業，高素質的人才供應不足，但需求卻持續增長。這種人才缺口使得組織面臨著挑戰，如何吸引和留住人才成為企業發展的關鍵要素。在這種情況下，提供良好的員工體驗成為一種競爭優勢。組織透過創造積極的工作環境、提供有吸引力的發展機會，以及關注員工需求和福祉等方面，能夠在人才稀缺的市場中脫穎而出，吸引到優秀的人才。

此外，人才管理的新思維也推動了對於員工體驗的重視。根據 2024 年美世（Mercer）公司的調查報告指出，過去員工的滿意多半來自於薪資、福利和安全等基本需求，近年來員工則逐漸重視成就感、同事情誼和公平，未來隨著 AI 的發展，改變了員工的工作方式與工作體驗，讓員工更想追求個人成長來保持職場競爭力。因此，過去企業主要關注外在的誘因，例如高薪酬和職位晉升等，來吸引人才。現在的人才更加注重工作的意義和內在的滿足感。他們追求有意義的工作、工作與生活的平衡、對於個人成長的支持等。這種新思維要求組織從單純提供物質條件轉向提供一個更全面、更具價值的工作體驗，人才會感到被重視、被認同和被激勵，進而為組織做出更大的貢獻。

**人才競爭的加劇、人才稀缺以及人才管理新思維的興起，是推動員工**

**體驗日益重要的原因**。組織意識到僅有外在的誘因無法真正贏得人才，只有關注和提供具有價值和意義的員工體驗，才能吸引並保留優秀的人才，並在激烈的競爭中脫穎而出。因此，組織需要投資於創造積極的工作環境、關注員工需求和未來發展，以及提供有意義的工作挑戰，並為員工提供豐富且有價值的工作體驗，進而獲得人才的向心力和長期的貢獻。

## 員工體驗的核心與意義─企業案例

讓我們用兩個案例來說明，一家重視員工體驗的公司和一家不重視員工體驗的公司，兩者最後所擁有的不同結果。

有一家著名的科技公司，一直以來都非常重視員工體驗。他們一直在努力創造一個開放、包容和有趣的工作環境，以吸引和留住優秀的人才。譬如說，他們會創造舒適的工作環境，總部的建築設計風格獨特，寬廣的辦公空間並設有健身房、休閒區等設施，使員工感到舒適和放鬆。

他們允許員工選擇自己的工作時間和地點，鼓勵員工自由創造，提高工作效率和生產力，提供各種培訓和發展機會，使員工能夠不斷提升自己的能力和技能，實現個人和職涯發展。同時建立開放的企業文化，鼓勵員工自由表達意見，建立開放和積極的企業文化，使員工感到受到尊重和重視。這些做法使他們成為一家非常受員工歡迎的公司，員工的滿意度和敬業度都很高，所提供的產品和服務也因此得到了高品質的保證，進一步提

## 第一章 | 理念 重新定義「員工體驗」管理

升了公司的競爭力和市場佔有率。

另一家不怎麼重視員工體驗是一家知名的零售公司，它的員工體驗一直存在問題。例如，員工的薪酬偏低，而且敘薪並不公平，相同職位的員工薪資可能存在很大的差距；職涯發展機會相對缺乏，導致員工難以晉升且缺少成長和發展的機會；工作需要長時間站立、走動和搬運貨物，工作壓力大，而且缺乏足夠的休息時間與空間。

這些問題使得員工對公司心生不滿，造成員工離職率很高，公司需要不斷地招募新人，形成了人力成本的浪費；加上員工對公司的不滿意，也影響他們的工作效率和生產力，進而影響公司的業績和競爭力；同時，對公司的品牌形象也造成負面效應，進而影響公司的市場地位和業務發展。

從以上的案例可以看出，員工體驗對公司的品牌發展至關重要。重視員工體驗可以提高員工的滿意度和敬業度，增加員工的工作效率和生產力，進而提升公司的競爭力和市場佔有率。而不重視員工體驗則會導致員工不滿意、離職率飆高、工作效率低下、品牌形象受損等後果。所以，公司應該注重員工體驗管理，為員工創造良好的工作環境和工作體驗，不斷創新和改進，提高員工的工作熱誠和工作動力，促進企業的持續發展和競爭力。

## 02. 從滿意到敬業的關鍵轉變

員工體驗是員工在工作中所感受到的所有外在和內在的體驗,這包括員工在公司的工作環境、公司文化、工作內容、管理方式、同事關係、薪酬福利等方面的體驗。一個好的員工體驗可以促進員工的工作敬業度、創造力和效率,也能提高員工對公司的敬業度和留任率。相反的,一個糟糕的員工體驗可能會導致優秀員工感受不佳,甚至是提出離職。

我們之前已經舉過許多例子,並充分了解到重不重視員工體驗管理,對企業的長期發展至關重要,接下來,我們從各方面來探討員工體驗管理的重要性及影響性。

員工體驗管理是希望透過改善員工的工作環境、工作內容、管理方式、同事關係、待遇福利等方面的體驗,來提高員工滿意度和敬業度,進而提高企業的績效。員工體驗管理在企業中的重要性不容忽視。以下是員工體驗對企業的影響:

### 優化企業形象

員工體驗不僅影響員工,也影響公司的形象。一個好的員工體驗可以

幫助企業建立良好的口碑和形象,吸引更多優秀的人才加入公司。同時,員工對公司的積極評價也會促進公司品牌形象的提升,為企業帶來更多商機和價值。

我們來思考一下,假設你是一位優秀的人才,正在尋找一個新的工作機會。你發現了兩個非常相似的職位,一家公司在招募過程中讓你感到自己非常重要和受到重視,提供了一個愉悅和舒適的面試體驗。另一家公司則讓你感到非常不舒服,你需要等待很長時間,面試過程中缺乏交流和互動。當你最終收到這兩家公司的錄取通知時,你會選擇哪一家公司?

我想大多數人都會選擇那家讓你感到受到重視和愉悅的公司,對吧?因為你會認為那家公司更關心員工體驗,願意為員工提供更好的工作環境。這樣的員工體驗對公司的好處是:首先,它可以幫助企業建立良好的口碑和形象,讓更多人對公司產生好感,進而吸引更多優秀的人才加入公司。其次,員工對公司的正面評價也會促進公司品牌形象的提升,吸引更多客戶和商機。這對企業的發展非常重要,因為良好的口碑可以讓公司在市場上更有競爭力,獲得更多的商機和價值。

## 提升品牌形象

良好的員工體驗還可以提高企業的品牌形象和聲譽。員工是企業的代表,他們的言行舉止和口碑會直接影響企業形象和聲譽。如果員工對企業

感到滿意並且將其視為一個好雇主,他們會願意分享這種體驗,並推薦朋友和家人在這家企業工作或購買產品和服務。這樣的口碑傳播可以吸引更多的優秀人才和顧客,並提高企業的知名度和市場佔有率。

舉例來說,有一位員工在一家企業工作了好幾年,並且覺得這是一個非常好的工作環境,員工們彼此尊重,而且主管很關心員工的工作和生活。當這位員工在外面和朋友、家人聊起自己服務的企業時,他會用非常正面的語言來形容這家公司,並且強烈推薦他的朋友和家人在這家公司工作或購買其產品和服務。這樣的員工推薦和口碑傳播,可以吸引更多的潛在員工和客戶,提高企業的知名度和市場佔有率。而這些潛在員工和客戶,也更可能會因為這家公司的良好聲譽而選擇與其合作或消費。

像百思買（Best Buy）是一家總部位於美國明尼蘇達州的3C零售商,提供各種電子產品和服務,如電腦、手機、平板電腦、電視、音響和家庭劇院等。在2010年前後,3C零售業整體表現不佳,許多競爭對手,如 Circuit City 和 RadioShack 等公司都紛紛倒閉了,但 Best Buy 卻屹立不搖,繼續蓬勃發展。這部分的成功有一部分歸功於前總經理休伯特·喬利（Hubert Joly）的努力。

當喬利在2012年接任總經理時,Best Buy 正在遭受來自網路零售商和折扣店的激烈競爭。為了解決這個問題,他推出了一項名為「Renew Blue」的計畫,目的在重新定位 Best Buy,加強與顧客之間的聯繫,並改善公司內部的營運。他非常重視員工的淨推薦值,這是一個評估員工滿意

度和忠誠度的指標。員工淨推薦值（Net Promoter Score, NPS）淨推薦值原本是運用在顧客體驗上，現在也運用在員工體驗的評量上，是一個反映員工對公司的整體滿意度和對公司的推薦度的指標。它通常透過問卷調查等方式進行測量，並計算出員工對公司的淨推薦值，即推薦公司的員工比不推薦的員工多的百分比。淨推薦值越高，表示員工對公司越滿意並且更願意推薦公司。

多數的公司在經濟壓力或面臨虧損時，大多會採取先削減成本，往往導致縮減培訓預算、裁員或減薪，希望以短期內降低開支來維持企業財務穩定。當時 Best Buy 在喬利的領導下，反其道而行開始實施一系列措施，專注於改進員工體驗，並透過員工淨推薦值來衡量其進展。其中包括了提高員工的薪酬和福利，並推動了一項名為「新地平線」（New horizon）的員工培訓計畫，該計畫透過幫助員工獲得更好的培訓和發展來創造一個更好的工作環境，並改善工作環境和管理流程。此外，他還重組了公司的領導階層，建立了一個新的經營團隊，以更好地支持員工和實施新的策略計畫。他相信如果員工對企業感到滿意，他們就會更積極地幫助客戶，這將進一步提高客戶體驗和忠誠度，進而促進企業的增長。喬利的努力很快就開始展現成果，員工的淨推薦值開始上升，同時顧客也開始給予更高的滿意度評分。這些措施幫助 Best Buy 建立了一個更好的顧客體驗，有效提高了顧客忠誠度，成功地恢復了 Best Buy 的市場競爭力，並在產業中屹立不搖。

從這個案例就可以看得出來，良好的員工體驗不僅可以提高員工的工作效率和生產力，同時還可以幫助企業建立良好的口碑和形象，進而提高企業的知名度和市佔率。

## 提高工作效率

員工在工作中感到舒適、滿意和價值感，他們的效率會更高。當員工有好的工作環境和上位者領導有方時，他們更容易集中注意力、專注工作並且將工作做到最好。這樣可以提高員工的工作效率和生產力，進而提升企業的競爭力。讓我們舉一個實例來印證這個觀點：

我有一位年輕的好友在銀行工作，他的主要工作是處理客戶的貸款申請，該公司主管非常關心他的工作狀況，經常跟他溝通和提供幫助。在他的辦公桌上擺滿了需要的工作用品，讓他可以方便地完成工作。此外，公司也提供員工適當的培訓機會，讓他可以學習到最新的貸款制度和流程。

在這樣的工作環境下，讓我這位朋友感到非常舒適和滿意，同時覺得自己的工作非常有價值，不僅能夠幫助客戶實現他們的夢想，同時也為公司帶來了業績。他感到主管和同事們都非常支持自己，這讓他更有動力去完成工作，不僅願意投入更多的時間和精力，也願意幫助其他同事解決問題和提高工作效率。

良好的工作環境和管理方式，讓員工的效率確實提高許多，甚至可能

比其他銀行的員工更高效。因為客戶能夠感受到其所展現出來的專業和效率，進而更信任和支持這家銀行。像這樣的良好口碑和形象，確實能夠為公司帶來更多的商機和價值。所以說，一個好的工作環境和良好的領導管理方式，可以提高員工的工作效率和生產力，進而提升企業的競爭力。

## 提升員工滿意度

當員工感受到自己在公司中受到重視且能夠在工作中有所成就時，他們的滿意度會提高，而員工滿意度的提高則會促進員工的敬業度，這樣的員工對工作會有更高的熱情，並更願意長期為公司奉獻心力。然而，當公司的員工滿意度持續低迷，員工們感到在公司缺乏尊重，工作遇到的問題也很難得到解決，這時員工可能會感到沮喪和不滿，甚至考慮離開公司。這種情況會對企業帶來負面影響，例如員工流失、生產力和品質下降等。

如果企業此時開始重視員工體驗管理，情況可能就會發生變化，企業可以運用員工滿意度調查，瞭解員工的需求和想法。同時，企業也可以展開一系列如培訓課程、員工福利、回饋機制等活動，以滿足員工的不同需求。當員工感到自己被重視時，他們工作的士氣和熱情就會得到提升，這種積極性的提高，會帶來更好的生產力。另外，員工感到自己被尊重和支持後，就會減少員工離職率，並提高企業人力的穩定性。

根據最近「華頓商學院」肯・穆恩（Ken Moon）教授所進行的一項，

關於人員流失對中國智慧型手機品質影響的研究，結果顯示，即使在一個勞動力都是較低技術的工廠，穩定的員工們對於企業來說仍然非常有價值。該研究是與一家中國大型製造商合作，追蹤了五千萬支手機四年內故障率的表現。

研究人員發現，每週員工流動率每提高一個百分點，會使產品瑕疵增加0.74%至0.79%。在離職率比較高的週別，比起離職率低的週別，失敗率也高出10.2%，相關所造成成本的損失高達數億美元。依據這樣的研究結果，強調管理人員需要考量關於員工流動率的問題，不僅僅是招募和培訓的代價而已。

穆恩教授表示：「當團隊中的成員頻繁更替時，即使可以輕易且快速找到替代人選，但團隊不僅是個別成員的總和。生產線上的工人可能不太需要深度合作，但他們的工作確實對整體效能產生影響。團隊成員之間的協調和默契比我們所想像中還更重要。」

員工離職成本可能比我們預期的更為巨大。離職成本不僅包括人力成本和重新招募新人花費的時間與精力，還包括團隊的運作和合作的影響。當一位關鍵成員離開時，可能會導致工作流程中斷、團隊士氣下降，以及對整體目標的影響。因此，企業需要謹慎考慮員工離職的後果，並努力建立穩定的團隊，以確保整體團隊的順利運作。

第一章 | 理念 重新定義「員工體驗」管理

## 提高員工的敬業程度

當員工感受到他們的價值和貢獻受到重視，並得到主管的支持和激勵時，他們更有可能感到滿足，並全心全意地投入到工作中。這將會提高員工的工作績效和生產力，進而可能增加企業的競爭力。

以下我們舉一個實例來印證這個觀點：以 Zappos 這家線上鞋類零售商為例，他們非常重視員工體驗和企業文化。他們的經營階層認為，員工的滿意度和敬業度直接影響到客戶體驗和企業業績。因此，公司不僅提供有競爭力的薪資和福利，還提供了許多員工關懷的措施，例如在公司內建立了一個幼兒園，提供免費的鞋子，以及經常舉辦各種活動和社交聚會等等。此外，他們還非常重視員工的培訓和發展，並為員工提供了良好的晉升管道和專業培訓計畫。

所以，Zappos 的員工在工作中不僅感受到自己的價值和貢獻被重視，還得到了公司的支持和激勵，這些都是他們感到滿意並全心全意地投入工作中的主要原因。他們在工作中充滿熱情和幸福感，並且願意主動為企業做出貢獻，這不僅提高了企業的生產力和效益，還帶來了更好的客戶體驗和口碑，進而提高了企業的競爭力。這就充分說明提高員工的敬業度對企業的重要性，而員工體驗則是實現這一目標的關鍵因素。

從以上的案例看來，員工體驗管理不僅可以提高員工的滿意度和敬業度，減少員工流失和招募成本，還可以提高企業的品牌形象和聲譽，吸引更多的優秀人才和顧客，並提高企業的經濟效益和競爭力。

## 員工滿意度和工作績效的關聯

　　員工滿意度和工作績效之間有著密不可分的因果關係。員工滿意度是指員工對工作和工作場所的感受，這是衡量員工對企業整體體驗的重要指標。如果員工對工作感到滿意，那麼他們更有可能全心全意地投入到工作中，進而提高工作績效。因此，企業需要關注員工滿意度，並採取措施改善員工體驗，進而提高員工工作績效。相反的，如果員工對工作感到不滿意，他們可能會感到沒有工作動力、缺乏工作熱情，進而影響工作績效。因此，企業需要創造良好的工作環境，以滿足員工的需求，進而提高員工的滿意度。

　　有一家連鎖企業就是很明顯的例子：這家公司原本員工的工作時間長、工作壓力大，而且工作場所不太舒適。在這樣的工作環境下，不僅影響員工的心情和工作績效，員工們也常感到沮喪、無助，並且失去工作動力，導致許多員工不再認真對待工作，造成工作績效下降，員工的缺勤率和離職率則居高不下。

　　這家公司為了改善這種情況，後來採取一些措施，例如增加員工的休息時間，改善工作環境和設備，提供培訓和發展機會等。這些改善的措施雖然不多，卻已經逐漸讓員工有受到重視的感覺，不僅提高滿意度，工作績效也增加，服務品質和顧客滿意度也隨之提高，大大的提升了企業的經營績效。

## 降低招募成本

　　當員工對工作感到滿意時，他們有可能願意留在企業工作，減少企業招募新員工的成本，穩定的員工組成是很有價值的。

　　相反的，如果員工對工作感到不滿意，他們可能會尋求其他機會，企業可能需要花費更多的時間和資源來招募新員工，重新培養技能和工作默契，離職的隱性成本比一般想像要大很多。此外，員工流失還會導致企業的生產力下降，進而影響企業的競爭力。

　　例如，有一家位在台灣北部初創快遞公司，由於沒有關注員工滿意度，導致員工對工作的滿意度很低，許多員工都私底下開始尋找其他的工作機會。隨著員工不斷流失，快遞公司需要重新招募和培訓新的員工，這需要花費很多時間和資源，並對企業營運造成不良的影響。此外，新員工也需要一段時間才能熟悉工作，這對企業的生產力也有負面影響。如果快遞公司一開始就重視員工滿意度，並創造一個良好的工作環境，那麼員工會更樂意留在企業工作，減少企業招募新員工的成本。

　　總而言之，企業需要非常注意員工滿意度，並採取措施提高員工體驗，進而提高員工的留任率。這樣的做法不僅能減少企業的招募成本，還能提高企業的生產力和競爭力。

## 提升客戶滿意度和業務成果

　　員工是企業的代表，他們的態度和行為會直接影響客戶的滿意度，如果員工的工作滿意度高，他們更有可能給客戶提供優質的服務。相反的，如果員工的工作滿意度低，他們可能會對客戶的需求缺乏耐心和服務熱情，進而影響客戶滿意度。

　　所以，員工滿意度不僅會影響企業的內部運作，還會對外部客戶產生重要影響。假設你是一家餐廳的老闆，有一位員工對工作感到很滿意，他每次都熱情地迎接客人，主動介紹餐廳的菜單，積極地回答客人的問題，讓客人感到非常受到重視和尊重。這種良好的服務態度讓客人感到愉悅，並提高顧客的滿意度和忠誠度。

　　如果有員工對工作感到不滿意，他可能不會像其他員工一樣積極地迎接客人，服務態度不友善，甚至有可能在客人面前發牢騷。這種負面態度會讓客人感到不悅，也會影響顧客的滿意度，甚至減少再次光顧的機會，長期下來將對企業的形象和業務收入造成潛在的嚴重影響。

　　因此，良好的員工態度和積極的服務態度能夠增加顧客的滿意度和忠誠度，這對企業的營收獲利和長期發展，都有重要的影響。

## 03. 如何讓員工體驗成為競爭優勢？

員工體驗管理除了對員工的滿意度和工作績效影響甚大，對於企業的長期發展也有正向的影響。隨著經濟的發展，人力資源已成為企業最重要的資源之一，員工體驗管理能夠幫助企業保持優勢，提高生產效率，強化企業的競爭力。

### 持續優化和改進

員工體驗管理並非是一個單向的過程。企業需要持續優化和改進員工體驗，以確保員工的需求和期望得到滿足。在這個過程中，企業需要不斷地收集員工的意見回饋，並根據回饋資訊進行調整和改進，這樣才能確保員工體驗管理的持續有效性。

我們曾經接受過一家零售公司的委託，想要提高員工的滿意度和工作效率，目的是提高公司的銷售業績和競爭力。於是，我們建議該公司開始進行員工體驗管理。首先，我們從員工那裡收集了他們對公司的看法和建議，發現到許多員工抱怨工作太累，工作環境不舒適，以及缺乏良好的培訓和晉升機會。因此，建議公司採取了一系列的措施，以改善員工的工作

體驗。一開始先從改善工作環境著手，讓員工的工作場所更加舒適和宜人。其次，我們協助公司規畫新的管理制度，以提供員工更好的培訓和晉升機會。此外，公司還增加預算規劃優質的員工福利，例如提供豐富多彩的員工旅遊和各種節日活動等等，以凝聚員工的向心力。

透過這些的改進和調整，逐步的讓員工感受到了公司對他們的關注，進而提升員工對工作充滿熱情和動力，公司的銷售業績和競爭力也得到了提升。所以我們可以從中得知，**員工體驗管理是一個不斷改進和調整的過程，只有透過不斷地收集員工的回饋並且根據回饋進行改進，才能確保員工體驗管理的持續有效性**。因此，企業需要重視員工的需求和期望，並且經常進行改進和調整，才能提升員工的工作體驗和企業的競爭力。

## 如何量化員工體驗？

瞭解員工體驗的好壞需要進行測量，但員工體驗不是像生產效率或銷售額這樣容易直接以數據量化，測量員工體驗需要一些特殊的方式。首先，瞭解員工的態度和感知是測量員工體驗程度的關鍵，我們可以透過問卷調查、焦點團體討論和深度訪談等方法收集員工的回饋和意見。問卷調查法通常是最常用的方法，因為它可以量化員工對工作環境、管理方式、公司文化等方面的感受和看法。焦點團體討論可以讓員工之間進行討論和交流，更深入地瞭解員工對公司的看法和意見。深度訪談法則可以更深入地

## 第一章｜理念 重新定義「員工體驗」管理

瞭解員工體驗，並且可以針對員工的想法進行釐清。

想要精準量化員工體驗的成效，首先就要設計適當的指標，指標足以反映出員工對公司的態度和情感，通常可從以下幾個工作面向來瞭解：

**1. 樂在工作：**是否對自己的工作感到滿意和充實，願意繼續留在公司？

**2. 工作壓力：**是否感到工作壓力大，是否能夠適應工作的節奏和要求？

**3. 工作關係：**同仁關係是否融洽，感到組織內是公平、公正的？

**4. 工作環境：**工作環境是否能夠滿足工作上的需求，既舒適且安全？

**5. 工作激勵：**公司能否提供足夠的薪酬、福利、晉升管道和培訓計畫等激勵措施，藉以激勵員工能有更好的表現。

同時，還需要建立一個有效的回饋和改進機制。這個機制需要確保員工的回饋被及時收集和整理，並且需要將回饋轉化為具體的改進措施。同時，公司還需要定期檢討員工體驗的指標和測量。

其次是透過問卷調查法收集員工的回饋和評價。

這種方式可以透過員工調查，瞭解員工對公司文化、管理風格、薪酬福利、工作環境等方面的滿意度和不滿意的程度。通常，問卷調查的問題類型包括單選題、多選題、開放性問題、評分題等，問題涉及到的方面很廣泛，如工作環境、薪酬福利、獎勵機制、培訓機會、管理風格、團隊氛圍等。透過統計分析可以得到公司整體的員工體驗指數，進而判斷公司在員工體驗管理的成效，例如「蓋洛普（Gallup）Q12 測驗」就經常為企業界所採用。

## ⊙蓋洛普（Gallup）Q12 測驗

蓋洛普 Q12 測驗常用於測驗員工敬業度、士氣和工作表現的問卷調查工具，其問題涉及員工滿意度、管理階層領導能力、工作環境、職涯發展等多個方面。以下我們重點介紹蓋洛普 Q12 的內容、使用方法和注意事項。蓋洛普 Q12 是由美國知名的市場調查公司蓋洛普公司研發的一套問卷調查工具，其中包含 12 個問題，而問題則涵蓋了以下 4 個層面：

**1. 員工滿意度**：這些問題目的在評估員工對公司的整體滿意度和工作環境的看法。

**2. 管理階層的領導能力**：這些問題涉及員工對管理階層的領導能力、信任度、互動效果和激勵方式的看法。

**3. 工作環境**：這些問題涵蓋了員工對工作環境的評價，如設施、設備、系統、資源等。

**4. 職涯發展**：這些問題目的在評估員工對在公司職涯發展機會和培訓計畫的看法。

而使用蓋洛普 Q12，通常會採取以下幾個步驟：

**1. 確定參與者**：確定參與測試的員工，通常這些員工是你公司的全職或兼職員工。

**2. 發放問卷**：為每位員工提供問卷，可以發送給員工紙本問卷，或採線上問卷方式填答。

**3. 統計數據**：統計每個問題的回答情況並且整理成統計圖表與報告。

**4. 分析結果：** 分析調查結果，確定員工在哪些方面體驗良好，哪些方面則需要改進。

**5. 採取措施：** 根據分析結果，制定因應的措施，以改善公司的工作環境、員工滿意度和職涯發展機會。

特別提醒大家，進行蓋洛普 Q12 調查時，務必注意以下幾個重點：

**1. 保護員工隱私：** 需要確保員工的填答資料確實保密，不會向其他人透露個人的回答內容。

**2. 確保問卷的有效性：** 問卷調查的結果會直接影響公司決策，因此，需要確保問卷的問題設計清晰、明確，問題選擇恰當，保證問卷的有效性。

**3. 計算問卷回收率：** 需要計算問卷的回收率，確保樣本規模足夠大，才能確保調查結果的代表性和可靠性。

**4. 與員工溝通：** 在進行問卷調查之前，需要與員工溝通說明，告知他們問卷的目的、問題的面向內容、填答的方式，以及問卷調查的期間。

**5. 重複調查相同的題目：** 可以定期使用蓋洛普 Q12 問卷調查問題，以長期監測公司的進展和改進方向。

總之，蓋洛普 Q12 是一個有效的員工敬業度、士氣和工作表現的問卷調查工具。綜合上述，在使用蓋洛普 Q12 之前，需要確定參與者、發放問卷、統計數據、分析結果以及採取措施。同時，需要注意保護員工隱私、確保問卷有效性、計算問卷回收率、與員工溝通以及長期進行調查。使用蓋洛普 Q12，可以幫助你了解員工對公司的看法和意見，並制定出對應的

改善措施，提高公司的績效。

馬歇爾・葛史密斯（Marshall Goldsmith）是全球知名的領導力教練，專精於高階主管的行為改變與領導力發展，被《Thinkers50》評為全球最具影響力的管理思想家之一。葛史密斯認為，蓋洛普 Q12 主要關注企業如何提升員工的投入度，但忽略了員工本身的責任。他指出，企業除專注於組織應該如何改變外，也要設法讓員工積極參與。

因此，他提出當責版的概念，強調員工要對自身投入度負責，應該將蓋洛普 Q12 的每一個問題前面，都加上一句「我今天是否盡了全力……」，透過每日反思來提升工作表現。他的做法與原 Q12 形成互補，使員工在企業致力於打造良好工作環境和氛圍的同時，還能透過自我反思和行動提升敬業度，創造個人在職場上最高的價值。

除了專業管理顧問公司發展的問卷外，學術界也有學者發展員工體驗問卷量表。Yadav 和 Vihari 在 2023 年發表了總共 64 題的員工體驗評估量表，共有活力（Vigour）、成就導向（Achievement Orientation）、幸福感（Well-being）、實體工作環境（Physical Work Environment）、包容性（Inclusiveness）和凝聚力（Cohesiveness）等 6 個構面來衡量員工體驗程度的高低，其各構面之調查題項引述如下：

| | |
|---|---|
| 活力<br>(Vigour) | 1. 我感覺全身充滿活力<br>2. 我覺得自己體能狀態佳<br>3. 我感到朝氣蓬勃<br>4. 我感覺精力充沛<br>5. 我感覺很有元氣<br>6. 我感覺很有精神<br>7. 我覺得自己可以快速思考<br>8. 我覺得我能夠貢獻新想法<br>9. 我覺得自己能夠發揮創意<br>10. 我覺得自己正處於一種「心流」的狀態<br>11. 我覺得自己能對他人表達關心<br>12. 我覺得自己能夠體察到同事和客戶的需求<br>13. 我覺得自己能對同事和顧客投入情感<br>14. 我覺得自己對同事和顧客均具備同理心 |
| 成就導向<br>(Achievement Orientation) | 1. 對我來說,比其他員工表現更好,其實很重要<br>2. 對我來說,做得比組織中的其他人更好,很重要<br>3. 我的目標是,取得比其他多數員工更好的績效評比<br>4. 我擔心自己可能無法在這個組織中,學到所有可能會學到的東西<br>5. 我有時會擔心自己恐怕無法如願地徹底瞭解組織流程<br>6. 我常擔心自己恐無法在這個組織中,學到所有想學的東西<br>7. 我想從這個組織裡,盡可能多加學習<br>8. 對我來說,徹底瞭解這個組織的流程非常重要<br>9. 我渴望完全掌握組織中的流程<br>10. 我想避免在組織中,績效表現不佳<br>11. 我在這個組織的目標是避免績效不佳<br>12. 對於組織裡對績效的憂心,往往是我的動力之所在 |

| | |
|---|---|
| 幸福感<br>(Well-being) | 1. 我不怕發表己見，即使意見會與多數人相左<br>2. 我的決定通常不受到其他人影響<br>3. 我不擔心其他人對我的看法<br>4. 一般而言，我自覺能掌控一切生活狀況<br>5. 日常生活的要求，不會讓我感到沮喪<br>6. 我與身邊周遭的人和社群，感覺很契合<br>7. 我對於能擴展視野的活動，很感興趣<br>8. 我認為能挑戰對自己和對世界看法的新體驗，很重要<br>9. 這些年來，我覺得自己有很大的進步<br>10. 在大多數人的眼中，我是充滿愛和親切的人<br>11. 對我來說，維持親密的關係並不困難<br>12. 我不感到孤獨，因為我有許多朋友能為我分憂解愁<br>13. 認真過好每一天，我經常會思考未來<br>14. 我對生活擁有方向感和目標<br>15. 日常活動對我來說很重要<br>16. 回顧自己的人生，我對目前的結果感到滿意<br>17. 我充滿自信，並且擁有正向積極的人生觀 |
| 實體工作環境<br>(Physical Work Environment) | 1. 我在工作場所中置放合適的家具設施<br>2. 我在辦公室種植天然植物或花卉<br>3. 工作場域四周瀰漫著讓人放鬆的顏色<br>4. 工作場域所使用的色調，讓人心生刺激感<br>5. 我的工作場所與他人之間，間隔出一定的空間<br>6. 從工作的地方往外看，可以欣賞到大自然環境<br>7. 我可以從工作環境看到任何外部環境<br>8. 工作環境的光線充足<br>9. 我的工作環境可享受到充足的陽光<br>10. 工作環境內的溫度、濕度和空氣品質是好的<br>11. 我傾向於聽到正向的聲音<br>12. 我傾向於體驗清新的氣味 |

| | |
|---|---|
| 包容性<br>(Inclusiveness) | 1. 我在工作的地方，備受尊重<br>2. 我可以公開討論、抒發意見，不必擔心負面後果<br>3. 在我的組織中，大家都願意尊重不同的想法和觀點<br>4. 在我的組織中，沒有歧視<br>5. 在我的組織中，沒有恐嚇<br>6. 在我的部門，主管對員工所作的決定是公平的 |
| 凝聚力<br>(Cohesiveness) | 1. 我的單位成員之間互相信任<br>2. 我的單位成員之間互相合作<br>3. 我的單位成員之間互相支持 |

## 面談與焦點團體

除了以上的方式外，公司還可以透過面談、焦點團體等方式來瞭解員工的體驗和回饋。這些方式比較靈活，可以讓員工更加深入地表達自己的看法和體驗。但是，這些方式需要投入更多的時間和人力，並且不容易得到全面的員工回饋資訊。但如果管理階層想要更深入地了解員工的感受和需求，並能夠針對性地做出改善和調整，不失為是一個好方法。

在進行面談時，企業可以邀請員工一對一地進行對話，讓員工能夠盡情地分享自己的體驗和觀點。在進行面談時，應注意以下事項：

首先，面談的場地應該選擇安靜且不受打擾的地方，確保員工能夠放

心分享自己的體驗。其次，面談的時間應該設定在員工比較空閒的時間，以免員工感到時間壓力。在面談過程中，主管應該傾聽員工的觀點，不要打斷員工的發言。在遇到員工有意見或抱怨時，主管更應保持冷靜和客觀，切勿對員工進行批評或反駁。

至於面談內容可依據公司想了解的方向來設計，以下則是經常在面談時會詢問員工的內容：

**1. 工作環境：**詢問員工對於工作環境的看法，包括是否有足夠的空間、設施是否齊全、噪音是否過大等等。

**2. 工作內容：**詢問員工對於自己的工作內容的看法，是否有足夠的挑戰性和成就感，工作分配是否合理且工作量是否合適。

**3. 激勵機制：**詢問員工對於激勵機制的看法，包括薪資、獎勵、晉升等等，並且了解員工對於這些方面的期望和需求。

**4. 職涯發展：**詢問員工對於職涯發展的看法，包括員工是否有機會學習新的技能和知識，是否有足夠的職涯發展空間。

**5. 企業文化：**詢問員工對於公司文化的看法，包括企業的價值觀、工作氛圍、溝通方式等等。

在面談的過程中，需要確保員工能夠自由地表達自己的觀點和意見，並且給予員工足夠的時間和空間來思考和回答問題。同時，主管需要聆聽員工的回饋和建議，並且尊重員工的觀點。

此外，**焦點團體**也是一種非常好的方式來瞭解員工的體驗和回饋。焦

# 第一章｜理念 重新定義「員工體驗」管理

點團體可以邀請多位員工一起進行討論，讓管理階層能夠同時了解多位員工的觀點。在進行焦點團體時，應注意以下事項：

首先，焦點團體的場地應該選擇適當的地方，可以是企業的會議室，也可以是一個舒適的咖啡廳。場地應該具有一定的私密性和安靜性，以確保員工能夠放心地分享自己的觀點。同樣的，焦點團體舉行的時間最好在員工比較空閒的時間，以避免員工感到時間壓力。

在進行焦點團體時，應該保持冷靜和客觀，不要對員工進行批評或者反駁。同時，應該引導員工進行討論，並且確保所有員工都有機會表達自己的觀點。在焦點團體討論的過程中，主管可以提出一些問題或者主題，讓員工圍繞這些問題進行討論。

當企業進行面談和焦點團體時，需要注意：確保員工的回饋是匿名的，以確保員工能夠自由地表達自己的觀點，並且不用擔心受到報復；其次，需要確保員工的回饋不會被扭曲或者過度解讀，企業可以使用一些第三方的機構及外部顧問，或者使用工具來進行調查和分析；最後，企業需要將員工的回饋納入到管理決策中，並且及時進行改善和調整。

員工的回饋是企業管理的重要依據之一，面談和焦點團體是瞭解員工體驗和回饋的好方式，舉辦時需要注意場地、時間、匿名性、真實性等問題，並且將員工的觀點納入管理決策，才能夠建立良好的企業文化，吸引和保留優秀的人才，進而提升企業的競爭力。

# 04. 員工體驗的基本架構

員工體驗管理的核心理念是將員工視為內部客戶，提供優質的內部服務和支持，進而提升他們的工作體驗和幸福感。Jacob Morgan 在他的著作《員工體驗的優勢》中，提出了一個關鍵的概念，即「**文化＋科技＋實體空間＝員工體驗**」，這個概念強調以上三要素對於塑造員工體驗的重要性，並指出組織需要在這些領域中做出投資和努力，以建立一個有意義且有價值的員工體驗。

## 員工體驗的三要素

Jacob Morgan 認為這三大要素共同構成了員工的整體工作體驗，並影響企業的成功與競爭力，重點如下：

**1. 文化**是指組織的價值觀、信念、行為和慣例等方面的集合。文化是一個組織的核心，它塑造了組織的身份和個性，並對員工的體驗產生深遠影響。一個積極、支持性和有價值觀的文化可以提升員工的敬業度，並激勵他們為組織的目標和價值而努力工作。因此，組織需要建立和培養正向文化，讓員工感到受到尊重和鼓勵。

第一章 | 理念 | 重新定義「員工體驗」管理

　　**2. 科技**在現代工作環境中發揮關鍵作用。科技的發展使工作和溝通方式發生了巨大變革，並對員工體驗產生直接的影響。組織需要利用科技工具和解決方案為員工提供更高效、便捷和靈活的工作方式，進而提升他們的工作效能和滿意度。這可能包括使用合作平台、線上會議工具、遠距工作技術等，以確保員工能夠更好地適應當今快速變化的工作環境。

　　**3. 實體空間**是指組織的辦公場所和工作環境。雖然科技的發展使得遠距工作越來越普遍，但實體空間仍然在員工體驗中扮演著重要角色。一個具有設計感且舒適的工作環境可以提升員工的工作動力和創造力，並促進團隊合作和交流。組織需要關注辦公室的設計裝潢、工作空間的規劃、共享空間的設置，以及提供適當的工具和資源，以支持員工的工作需求和工作流程。

## 企業文化

　　企業文化是指一個企業的價值觀、信念、行為標準和風格等，是企業運作和發展的基礎。企業文化是員工體驗管理的重要元素之一，因為只有員工們真正理解並認同企業文化，才能讓企業文化發揮作用，幫助企業實現成功。

　　企業文化的內化始於領導階層。主管要成為企業文化的優秀代言人，透過自己的言行和示範，讓員工感受到企業文化的力量和價值。例如，如

果企業強調團隊合作，主管應該展現出良好的合作態度，並且積極鼓勵員工之間的合作。如果企業追求卓越，主管則應該要對自己和團隊的表現有高要求，並以此激勵員工自我超越。

企業文化的內化需要員工感受到他們是企業的一份子，並且對企業的目標和願景有高度的認同感。因此，企業需要透過各種方式建立一種生命共同體的感覺。例如，定期的員工聚會和活動可以增強員工之間的聯繫和凝聚力；企業也可以設立符合企業文化的獎勵和表揚制度，讓員工感受到自己的貢獻被肯定與重視。

企業需要透過不同的方式將企業文化傳遞給員工。除了舉辦培訓課程之外，企業還可以透過員工手冊、企業網站和社交媒體等管道進行宣傳。此外，企業還可以透過導入企業文化的元素，例如標語、口號和標誌等，讓員工更深刻地理解企業文化。

主管需要對員工的表現進行評價和回饋，不僅包括績效目標達成情況的評估，還包括員工日常工作行為的回饋。如果員工在工作中展現企業文化的精神，主管應該及時給予讚揚，讓員工感受到自己的行為得到了主管的肯定。

企業文化的耕耘是一個長期的過程，企業需要不斷地檢視本身的文化建設，發現不足之處並且加以改進。同時，企業需要鼓勵員工參與企業文化的建立和傳承，讓員工成為文化的傳承者和推動者，共同發展企業文化的落實。

第一章 | 理念 重新定義「員工體驗」管理

企業文化的內化是員工體驗管理的重要元素之一，需要企業持續投入，透過主管的以身作則、創造生命共同體、教育訓練、評價和回饋等方式來加強員工對企業文化的理解和認同，讓企業文化真正發揮作用，幫助企業成功。

## 資訊科技

資訊科技提供許多工具和解決方案，可以改善員工的工作體驗和工作效能，以下是資訊科技在員工體驗管理中的具體作用和重要性：

**1. 效率和自動化：**資訊科技可以提供自動化的流程和工具，使員工能夠有效地完成工作任務。例如，合作平台和專案管理工具可以促進團隊合作和資訊共享，提高工作效率和溝通效果。透過數位化和自動化的流程，員工可以節省時間和精力，將更多的精力投入到有價值的工作上。

**2. 遠距工作和彈性工作：**近年來，遠距工作和彈性工作模式越來越普遍，資訊科技使員工能夠在不同地點和時間進行工作，提高了工作彈性和工作與生活的平衡，這對於提高員工的滿意度、幸福感和生產力非常重要。

**3. 學習和發展：**資訊科技為員工提供了更便利的學習發展機會。線上學習平台和數位化培訓工具讓員工更快速地獲取知識和技能，自主地進行學習。這種學習環境不僅提高了員工的專業能力，還能夠提升工作滿意度和職涯發展的機會。

**4. 個人化和自主性：**資訊科技可以提供個人化和自主性的工具和系統，讓員工能夠根據自己的喜好和需求進行自主配置。例如，個人化的數位工作平台、設備和界面可以提供更好的使用體驗，並讓員工根據自己的偏好和工作風格進行調整和配置。

**5. 數據分析和洞察力：**資訊科技可以收集和分析數據，為組織和員工提供洞察力和決策支援。透過數據分析工具和人工智慧技術，組織可以深入了解員工的需求、偏好和工作模式，並提供個性化的支持和建議，這有助於提升員工的敬業度，並促進組織的持續改進和創新。

## 工作環境

優質的工作場所和工作環境，可以提高員工的工作滿意度和工作效率，以下進一步加以闡述其重點：

**1. 安全、健康的工作環境：**首先，一個安全和健康的工作環境是員工上班的基本要求。企業應該提供符合安全和健康要求的工作場所和設備，如防滑地面、良好的通風系統、適合的照明、優質的辦公傢俱等。此外，企業還應該建立健全的安全管理制度，定期進行安全檢查和設備維護，確保員工生命財產的安全。

**2. 舒適的工作環境：**除了安全和健康，舒適的工作環境也是員工工作的重點需求。企業可以透過改善工作場所的設計和裝潢，例如提供舒適的

工作椅、優質的辦公室環境、良好的通風系統等，來提高員工的工作舒適度。此外，企業還可以為員工提供優質的休息和放鬆的場所，如健身房、茶水間、休息室等，讓員工在工作之餘可以得到充分的放鬆和休息。

**3. 友善的工作氛圍**：除了物質環境，工作氣氛也是影響員工體驗的重要因素。企業可以透過塑造積極向上的價值觀、良好的工作態度，來激勵員工的積極性。此外，良好的工作氣氛也是企業應該關注的一個方面，可以透過加強員工間的溝通合作，建立良好的團隊合作氛圍，提高員工的工作滿意度。企業還可以透過展開各種文化活動和社交活動，如聚餐、旅遊、文化講座等，來促進員工之間的交流和互動，形塑融洽的工作氛圍。

**4. 良好的管理制度**：在工作場所和工作環境方面，企業還需要建立良好的管理制度，為員工提供公正、透明和穩定的工作環境，減少員工對於工作環境的不確定性。

## 其他關鍵要素

除上述之外，員工體驗管理的關鍵要素還包括雇主品牌、主管領導風格、有效溝通和回饋、個性化的工作體驗、學習和發展機會及薪資和福利等，分別說明如下：

**1. 雇主品牌**：有助於塑造和營造正向的組織文化，指導員工的行為和決策，建立信任和認同感，影響員工的態度和行為，並吸引和留住優秀的

人才。公司需要關注雇主品牌的建立，以確保在員工體驗管理中營造一個有意義且有價值的工作環境，進而提升員工的滿意度和敬業度。

**2. 主管領導風格：** 主管需要具備正向的領導力和管理風格，及良好的溝通和決策能力，關注員工的需求和感受，給予適當的支援和鼓勵，並提供公平的發展機會，營造積極的工作氛圍和文化，幫助員工提高工作效率和效能，進而創造良好的員工體驗。

在員工體驗管理中，領導力發揮著關鍵作用，透過個人的行為和言論，影響員工的價值觀和態度，不同的管理風格會對員工的工作態度、工作績效和工作滿意度產生不同的影響。

我們經常為企業舉行「4D 領導力」的工作坊，是一個能夠協助領導者更有效地引導團隊成長的概念。它源於**美國的 NASA 組織**，在領導力發展過程中，他們採用了 **4D 領導力模型**來幫助領導者更好地運用不同的領導風格，這 **4** 種不同的領導力風格，包括願景、關係、創新和執行。這些風格中的每一個都可以在領導力中發揮重要的作用，但真正成功的領導者能夠結合所有這些風格，形成一種綜合的方法來引導團隊。

（1）**願景領導力**是指領導者能夠有能力看到整個組織或團隊的長遠發展方向。這種領導風格的重點在於領導者需要能夠形成一個清晰、明確且可行的願景，並確保所有成員都對其理解和支持。這種領導風格通常需要有遠見和決策力，因為領導者需要能夠看到未來的機會和挑戰，並做出明智的決策以推動組織向前發展。

（2）**關係領導力**是指領導者能夠建立並維持積極健康的工作關係，讓成員之間的互動更有效率和愉快。這種領導風格強調了人際關係的重要性，並需要有良好的溝通和社交技能。這種領導風格的重點在於激勵成員，讓他們在工作中感到舒適和自信，進而提高整個團隊的績效。

（3）**創新領導力**是指領導者鼓勵成員創新和思考不同的方式來解決問題和挑戰。這種領導風格的重點在於激發成員的創造力，並鼓勵他們在工作中展現獨立思考能力。這種領導風格的主管需要有冒險精神和開放心態，因為領導者需要接受不同的想法和做法，以促進創新和成長。

（4）**執行領導力**則是指領導者能夠有效地管理團隊成員，使他們達成目標和任務。這種領導風格的重點在於制定計畫、安排和追蹤進度，並能夠及時調整和解決問題。這種領導風格的主管需要有效的組織能力和時間管理，因為領導者需要確保團隊成員都能夠有效地利用時間和資源來實現目標。

成功的領導者能夠結合這些不同的領導風格，形成一種綜合的方法來引導團隊，這就是 4D 領導力的核心理念。當領導者能夠在不同情況下靈活地應用這些領導風格時，他們就能夠更好地應對挑戰和機會，並推動團隊成長和發展。例如，當一個領導者需要制定組織的長期策略時，他們可能會採用願景領導力，透過制定明確的目標和方向來激勵團隊成員。當需要解決一個複雜的問題時，領導者可能會採用創新領導力，鼓勵成員提供不同的想法和解決方案。當需要執行計畫並實現目標時，領導者可能會採

用執行領導力,以監控進度並及時解決問題。最後,當需要增強團隊的凝聚力和工作關係時,領導者可能會採用關係領導力,鼓勵成員之間的互動和合作,以提高整個團隊的績效。

4D 領導力是一個結合了不同領導風格的綜合方法,能夠協助領導者更有效地引導團隊成長。當領導者能夠在不同情況下靈活地應用這些領導風格時,他們就能夠更好地應對挑戰和機會,並推動團隊成長和發展,是實現員工體驗管理的重要要素之一。

**3. 有效溝通和回饋:**企業需要建立有效的溝通和回饋機制,讓員工清楚瞭解企業的決策和發展方向,並能夠提供意見和回饋。同時,企業需要及時回應員工的回饋,讓員工感受到企業的關心和支持。有效的溝通和回饋機制是實現員工體驗管理的重要要素,它可以幫助企業實現高效的管理和營運,增強企業的競爭力和可持續發展能力。

要建立有效的溝通和回饋機制,企業需要從以下幾個方面入手:

(1) **建立溝通回饋的文化:**溝通和回饋的文化是企業建立有效溝通和回饋機制的基礎。企業應該倡導開放、公正、透明、平等、尊重的溝通和回饋文化,讓員工感到自己的想法和意見受到重視和尊重。此外,企業應該建立良好的回饋機制,及時回應員工的問題和回饋,讓員工感到自己的貢獻和價值受到認可和肯定。

(2) **運用多種溝通方式:**溝通方式多樣化是建立有效溝通和回饋機制的必要條件。企業應該運用多種溝通方式,如面對面會議、電話會議、

電子郵件、即時通訊等，以滿足不同員工的需求和喜好。此外，企業還可以定期展開員工交流會、部門聚餐、文化建設活動等，讓員工在輕鬆愉悅的氛圍中進行交流和溝通。

（3）**建立良好的回饋機制**：良好的回饋機制是建立有效溝通的重要手段。企業應該建立開放的回饋機制，讓員工有機會提出問題和回饋，並且及時回應和解決問題。此外，企業還應該對員工提出的問題和回饋進行統計和分析，進而瞭解員工的需求和想法，及時調整和改進企業的管理和營運策略。

（4）**培養良好的溝通技巧、回饋能力**：培養員工良好的溝通技巧和回饋能力，讓他們能夠有效地傳達資訊和表達意見，企業還可以為員工提供相關的培訓和輔導，幫助他們理解和應用溝通技巧和回饋能力。

（5）**建立多層次的回饋機制**：建立多層次的回饋機制是建立有效溝通和回饋機制的關鍵。企業應該建立不同層次的回饋機制，包括向上回饋、同儕回饋、部屬回饋等多種形式，讓員工獲得全方位回饋。

回饋需要及時性，避免過度拖遲。其次，回饋要具體、清晰、客觀，避免含糊不清或帶有主觀偏見，並在尊重和信任的基礎上，讓對方感受到你的關心和支持，而不是批評和挑剔。

**4. 個性化的工作體驗**：企業需要針對不同的員工設計個性化的工作體驗，滿足不同的需求和期望。這需要企業進行深入的員工調查和分析，瞭解員工的個性、喜好和工作風格，並根據這些資訊設計相對應的工作體驗

方案。例如,一個比較外向的員工可能更喜歡有多樣性和挑戰性的工作任務,而一個內向的員工可能更喜歡有穩定性和支持性的工作環境。

個性化工作體驗指的是企業**將員工的個性化需求納入到工作體驗中,為員工提供更符合個人需求和喜好的工作體驗**。個性化工作體驗可以透過不同的方式來落實,例如提供彈性工作時間、個人化的培訓計畫、個人化職涯發展規劃、個性化的福利等。

實施個性化的工作體驗,有以下幾個好處:

(1)**提高員工滿意度和敬業度**:個性化的工作體驗可以滿足員工不同的需求和期望,讓員工感到企業真正關心他們,進而提高員工的滿意度和敬業度。

(2)**提高企業的競爭力**:企業透過提供個性化的工作體驗,可以吸引更多的優秀人才加入企業,提高企業的競爭力。

(3)**促進企業的創新和發展**:個性化的工作體驗可以讓員工更愉快地工作,提高員工的工作效率和品質,進而促進企業的發展。

企業應該透過不同的方式來瞭解員工的需求和期望,我們經常舉辦這類型的培訓,像流行於歐美及日韓的 TA 交流分析人格特質就是一個很好的工具,在此簡單介紹一下 TA(Transactional Analysis)人格特質分析中的五個自我。

TA 由艾瑞克・伯恩(Eric Berne)於 1960 年代創立,是廣為流傳的心理學理論,其中一個重要的概念是人格特質,是指個人長期穩定的思維

和行為模式，其反映了個人的價值觀、信念和情感。在 TA 中，提出了五種自我：父親自我、母親自我、成人自我、自由孩童自我和順應孩童自我，分別介紹如下：

（1）**父親自我**：父親自我是一種基於父親特質而形成的自我，表現出嚴格、控制、威權、批評、指責和懲罰等行為。當父親自我掌握得當時，能夠產生引導和保護的作用。但如果父親自我過度發展的話，則可能表現出歧視、武斷和獨斷等負面行為。

（2）**母親自我**：母親自我是一種基於母親特質而形成的自我，表現出關懷、支持、安慰、愛護和關注等行為。當母親自我掌握得當時，能夠產生支持和鼓勵的作用。但如果母親自我過度發展，則可能表現出過度保護、過度干涉和過度關注等負面行為。

（3）**成人自我**：成人自我是一種健康、穩定和成熟的人格特質，是 TA 中最為理想的自我。成人自我能夠控制自己的情感，表現出成熟的行為和適當的思考方式。成人自我能夠在不同的情境中適切展現自己的行為，適當地展現符合當下情境該有的特質。

（4）**自由孩童自我**：自由孩童自我是一種基於孩童特質而形成的自我，表現出好奇、探索、玩樂、情感表達和依賴等行為。當自由孩童自我掌握得當時，能夠表現出自由、無邪、開放和自然的行為，並且能夠享受生活的樂趣。但如果自由孩童自我過度發展，則可能表現出自私、任性、不成熟和逃避現實等負面行為。

(5) **順應孩童自我**：順應孩童自我是一種比較沒有自信的人格特質，表現出缺乏自我意識、無助、被動、自卑、焦慮、抑鬱和自我懷疑等行為。順應孩童自我通常是因為童年時期的負面經驗和環境影響而形成的。順應孩童自我不僅會影響個人的情感和行為，還會影響到個人的社交關係和職涯發展。

　　在 TA 交流分析中，五種自我之間是相互作用的，它們影響著個人的思維和行為。正確地掌握五種自我之間的平衡和轉換，可以幫助個人發展成熟、健康、穩定和自信的人格特質。領導者可以運用 TA 交流分析的人格特質知人善任，適才適所讓員工產生個性化的工作體驗，幫助員工滿足自己的需求，提高他們的工作動機，並創造一個積極和支持性的工作環境。

　　另一個提供個性化工作體驗的方法是給予員工適當的自主權，當員工感覺自己對工作有一定程度的掌控權時，他們會更有動力和熱情地投入工作。這也是為什麼許多公司會採取一些措施，例如讓員工參與決策或允許員工有一定程度的彈性工作時間。但與此同時，員工也要具備足夠的資源和訓練，才能確保能夠有效地完成工作。

　　個性化的工作體驗還可以提供多種職涯發展機會和進一步學習的機會，讓員工能夠實現他們的目標和興趣，同時也可以提高他們的工作滿意度。提供個性化的工作體驗需要企業在員工體驗管理思維進行更多的投資和努力。透過瞭解員工的個人特質、需求和期望，提供符合其需求的工作環境、工作內容、自主權和發展機會。

**5. 學習和發展機會**：企業需要提供優質的學習發展機會，讓員工能夠不斷學習和進步，並滿足他們的職涯發展需要。這需要企業提供豐富多樣化的培訓課程、職涯發展計畫和晉升機制，並給予員工充分的支持和鼓勵。這樣做除了可以激勵員工，有助於提高員工的技能和知識水準，還可以增強員工的自信心，使他們更加積極地工作。

優質的學習發展機會包括許多方面，以下是一些具體的建議：

（1）**量身定做的培訓計畫**：員工的職責可能因公司不同而有差異，若能為員工量身訂製個人的培訓計畫。就可確保員工所學的技能和知識與他們的工作職責相符，並進一步提高培訓的效果和價值。

（2）**學習發展機會的多樣性**：為員工提供多樣性的學習發展機會，包括不同形式的培訓課程、研討會和網上學習平台等。以幫助員工更好地學習和成長。

（3）**提升內部講師的素質**：內部講師需要具備豐富的產業知識和專業技能，同時也需要有良好的教學能力和溝通能力，才能夠有效地傳遞知識和技能給學員。

（4）**學習的激勵和鼓勵**：公司應該給予員工適當的激勵和鼓勵，如獎學金和免費培訓課程等，以及表揚員工的學習成就和進步。

（5）**學習和實踐的結合**：最好的學習方式之一是將學用合一，透過實踐的機會，員工可以將所學的知識和技能應用到實際工作中，並進一步加深對所學內容的理解和掌握。這樣可以促進員工的持續學習和成長，同

時也能提高他們的工作表現。

（6）**學習和發展的跨部門交流**：跨部門交流可以幫助員工擴展視野，瞭解公司的不同部門業務。因此，公司應該鼓勵和支持員工參與跨部門交流，建立良好的內部溝通合作機制，實現員工間的知識分享與交流。

（7）**領導梯隊的培育和建立**：企業應為不同層級的領導者提供適當的培訓發展機會，以確保公司的長期發展，組織不同層級需要不同的職能，因此需要有不同的培訓發展計畫。主管在晉升到更高層級時需要改變自己的角色和思維，學習新的能力，以確保成功地應對更高階層的挑戰和職責。

透過提供量身訂製的培訓計畫、多樣化的學習和發展機會、優質的內部講師訓練、學習的激勵和鼓勵、學習和實踐相結合以及跨部門交流及領導梯隊的建立等，可以幫助員工不斷學習和成長，提高工作效率，進一步推動公司的發展。

**6. 薪酬和福利**：企業需要提供具競爭力的薪酬和福利，讓員工能夠感受到公司的關心和尊重，企業需要瞭解產業標準和競爭環境，並給予員工合理的薪酬和福利。同時，企業也需要提供一些特殊的福利，例如彈性工作時間、健身房費用補助、員工旅遊等，以滿足員工不同的需求和期望。

薪酬和福利是員工體驗管理的重點要素，對於企業吸引、留住和激勵優秀的員工具有重要作用。企業在設計薪酬和福利制度時，需要考慮員工的需求和期望，市場行情和競爭狀況，企業的財務狀況等多方面因素，以確保員工薪酬和福利的公平性和有效性。同時，企業還需要進行薪酬和福

利制度的管理和維護，以確保制度的落實和效果，並與員工代表和工會進行溝通和協商，瞭解員工的意見和建議，推進薪酬和福利的改進和完善。

綜上所述，員工體驗管理涵蓋多個關鍵要素，從雇主品牌塑造、主管領導風格、有效溝通與回饋、個性化工作體驗，到學習發展機會及薪酬福利等，這些因素共同影響員工的滿意度與整體工作體驗。其中，4D 領導力提供了一種靈活的管理模式，幫助領導者根據不同情境運用適當的領導風格，進一步提升團隊績效與員工體驗。此外，TA 交流分析等工具也可幫助企業更精準地瞭解員工需求，實現個性化管理。企業若能整合這些關鍵要素，打造一個尊重員工、重視成長並提供公平機會的環境，不僅能提升員工滿意度，更能強化企業競爭力與永續發展能力。

## 理論充電站

### ● 激勵──保健理論（雙因子理論）

激勵──保健理論（Motivation-Hygiene Theory）也稱為雙因子理論（Two-Factor Theory），由美國心理學家赫茨伯格（Frederick Herzberg）於 1950 年代所提出的。該理論透過識別影響員工滿意和不滿意的兩組不同因素來解釋工作場所的激勵因子。研究者透過訪談員工，並要求他們描述對工作感覺特別好或特別差的情況。研究結果指出，工作滿意和不滿意並非矛盾對立的兩個極端現象，而是受到不同因素的影響。

**1. 激勵因子（與工作滿意度相關的因素）**

這些因素有助於提高工作滿意度，並鼓勵員工更努力工作，並在自己的工作角色中感到滿意。激勵因子與工作本身的內在面向有關，當工作存在激勵因子時，員工會增加工作動力，但缺乏激勵因子並不一定會導致員工的不滿意，相反的，它會導致員工缺乏動力。主要的激勵因子包括：成就感、認同感、責任感、工作本身、晉升、個人成長與發展。

**2. 保健因子（與工作不滿意度相關的因素）**

保健因子則與工作環境比較有關，保健因子不一定會增加動力或滿足感，但如果沒有它們時就很可能會導致員工不滿意。如果保健因子不夠充分或員工覺得不公平，員工就會不開心。然而，改善保健因子很難為員工帶來更高的工作動機，相反的，這些因子只能夠防止員工不滿意。主要的

保健因子包括：薪資福利、公司政策、工作環境、工作保障、人際關係、工作與生活平衡。

　　赫茨伯格認為解決保健因子並不足以激發員工的工作動力。公司可以提供有競爭力的薪資、公平的政策和舒適的工作場所，但如果缺乏激勵因子，員工仍舊可能會感到缺乏動力。

**3. 對管理實務的影響**

　　激勵──保健理論在企業管理與人力資源管理的實務應用包括以下重點：

　　（1）設計激勵人心的工作：公司應透過激勵因子將工作豐富化，例如賦予員工更多責任、獲得主管認可和有意義的工作。僅僅增加薪水或改善工作環境可能無法為員工帶來長期的激勵效果。

　　（2）平衡保健因子和激勵因子：儘管必須解決保健因子以防止員工的不滿，但員工敬業度和生產力的提升更有可能來自於激勵因子。成功的組織會確保激勵因子與保健因子兩個層面都得到兼顧。

　　（3）了解員工的需求：公司管理階層以及人資人員應該要知道不同的員工有不同的需求。有些人可能優先考慮保健因子（例如工作保障、薪資），而有些人則更渴望尋求個人成長和工作成就來獲得動力。

# 貳

## 實踐｜全方位實現員工選用育留

◎ 吸引與甄選：找到最合適的人才
◎ 到職與任用：讓人才留在正確位置上發揮價值
◎ 培育與成長：協助員工發揮潛力
◎ 留任與關懷：營造長期的歸屬感

## 01. 吸引與甄選：找到最合適的人才

在現今的人才競爭環境中，打造吸引求職者渴望加入的雇主品牌至關重要。以下是提升企業吸引力的具體做法：

### 清楚傳達企業使命和願景

在當今的商業環境中，一家企業的使命和願景，不僅是策略規劃的基礎，更是塑造企業形象、吸引人才的關鍵要素。使命反映了企業的核心目標和經營宗旨，而願景則描繪了企業追求的未來憧憬，這不僅展現企業的價值觀，也成為吸引志同道合人才的重要關鍵。

以特斯拉（Tesla）為例，其企業使命「加速世界向可持續能源的轉移（to accelerate the world's transition to sustainable energy）」，就是公司所有業務決策和創新的指導原則，不僅讓消費者明白特斯拉不僅是一家汽車製造商，更是一家致力於推動全球能源轉型的創新企業，同時也向應徵者傳遞了一個明確的訊息：加入特斯拉，就是參與這場改變世界的使命。這不僅能讓求職者理解企業的核心價值和長遠目標，還能激發他們的工作熱情。企業可以透過各種管道和形式，如公司網站、社交媒體、招募說明會

等方式，展示自己的使命和願景。特斯拉在官方網站上，不僅介紹電動車和太陽能產品，更透過豐富的圖片和影片，展示特斯拉如何在日常生活中推動可持續能源的使用，讓應徵者能夠直接感受加入特斯拉，則意味著親身參與一項偉大的事業中。

企業還可以強調使命和願景在日常營運活動中如何體現，這不僅能夠增加使命和願景的可信度，更能吸引希望自己的工作能夠產生實際影響的人才。特斯拉透過不斷的技術創新和市場擴張，實際推動了電動汽車和再生能源的普及化，這幫助應徵者看到自己加入特斯拉後，有機會實現可持續能源發展並做出具體貢獻。

企業的使命和願景是建構企業形象、吸引人才的重要工具。透過清楚且有效地傳達這些訊息，不僅能吸引與企業價值觀契合的人才，更能激勵他們為共同的目標一起努力。當企業的使命和願景與個人的理想契合時，就能吸引優秀的人才共同推動企業的進步。並且讓應徵者感受到公司的雄心壯志及對未來的規劃，誠如特斯拉的使命—「加速世界向可持續能源的轉移」，這種高瞻遠矚的目標和願景，就吸引了許多對環保和創新技術具有熱情的專業人士加入該公司。

## 展現獨特的企業文化

企業文化雖然無形，卻如同企業的 DNA，深植於組織運作的每個層

面,影響著員工的工作、思考方式及行為準則。一個獨特且正面的企業文化,不僅能提高員工滿意度和敬業度,更能吸引那些認同企業價值觀的潛在應徵者。因此,如何有效展現企業文化,就成為吸引人才加入公司的重要工作。

Airbnb 是一家全球領導的共享住宿平台,其不僅提供預訂住宿的平台,更致力於「創造一個任何人在任何地方都有歸屬感的世界(to create a world where anyone can belong anywhere)」。這項使命不僅展現在對客戶的服務中,更是企業內部文化的核心。Airbnb 透過社交媒體、公司官網以及各種公開場合,積極呈現員工多元化背景、自由開放的工作環境、以及員工熱情參與各類社區活動。這些生動的故事和圖片讓人感受到 Airbnb 不僅是業務遍及全球的大企業,更是一個充滿活力、尊重多元、鼓勵創新文化的企業。

此外,Airbnb 也非常注重員工的個人成長和職涯發展,為員工提供豐富的學習資源和發展機會,並鼓勵員工進行跨部門的學習和交流。這種對員工個人成長的重視,不僅提升了員工的專業技能和工作滿意度,同時也吸引了那些渴望學習成長的人才。為了打造更重視員工體驗的職場環境,Airbnb 甚至早在 2015 年就將其人資長的職稱重新命名為員工體驗長(chief employee experience officer)。Airbnb 的成功不僅在於商業模式,更在其獨特的企業文化和價值觀。透過有效地展現企業文化,成功吸引了與其文化相契合的優秀人才,並進一步豐富原有的企業文化,產生一個良性循環。

這種以企業文化為核心的人才吸引策略，非常值得我們參考。

總之，企業文化的展現不僅是對外宣傳的一部分，更是企業吸引、留住人才的重要策略。一個正面、獨特且具有吸引力的企業文化，能夠讓求職者在眾多選擇中看到企業的獨特之處，進而產生加入的渴望。透過社交媒體、企業官網、招募說明會等多種管道，展示企業的日常生活、團隊活動、以及員工之間的互動，是建立這種吸引力的有效途徑。

## 強化品牌形象與社會責任

企業除了追求經濟效益，亦需重視企業社會責任（CSR）。隨著公民意識的抬頭，新生代求職者對企業社會責任和公司治理的關注日益增加，企業在這些領域的表現，成為塑造公司與雇主的品牌形象，以及吸引人才的重要因素。透過參與社會公益活動、推行 ESG 政策和倡導公平交易等行為，不僅能展現企業對社會責任的承諾，也能夠藉此吸引價值觀相符的人才。

台達電（Delta Electronics）是知名的電源管理與散熱解決方案企業集團，也是在品牌形象與社會責任表現出色的企業，與其產品的高品質和創新技術相匹配，台達電將社會責任視其為企業核心營運的重點，積極參與和推動環保與永續發展，並反映在各項業務與產品設計中，包括提供效能更高的電源產品、研發綠色建築解決方案，以及參與全球環保活動和計畫，

如支持可再生能源的開發和使用以減少碳足跡，並且推動環境教育和保護生態多樣性等。台達電不僅對環境保護承諾，也展現其在技術創新以外對於建設更美好世界的努力。

台達電對環境的堅持和努力也向外界傳達了一個明確的訊息：加入台達電，就是共同參與一場致力於推動環保和永續發展，並創造更美好未來的行動中。透過積極履行社會責任，建立正面的企業形象及雇主品牌，同時也成功吸引了認同公司價值觀的人才，並在當前激烈的人才競爭中獲得重要的競爭優勢。

## 營造開放及透明的工作環境

開放透明的工作環境對於促進資訊共享、增強團隊合作、建立互信以及提升員工敬業度具有非常重要的作用。透過公開討論的決策過程、財務狀況以及所面臨的挑戰，企業能夠吸引那些尋求透明和誠信工作環境的人才，同時增加員工的歸屬感。王品集團就是一家實踐開放透明文化、並因此成功吸引人才的優秀案例。

王品集團（Wowprime Group）以其獨特的企業文化與管理哲學聞名於餐飲業，其開放透明的工作環境尤其值得關注，不僅對外界開放其經營理念和成果，更在內部推行一系列透明化的管理措施。例如，王品的內部同仁薪資結構採公開的態度，同仁能夠清楚了解公司的薪酬水準，這有效

提升了同仁對公司的信任度和公平感。此外，從門店到總部、從基層到中高階主管，公司都會定期舉辦各種員工大會，不僅公布公司或門店的營運狀況、面臨的挑戰與未來發展計畫，也提供讓員工提出意見和建議的平台。

公開透明的制度不僅在業界贏得高度的讚譽，也讓其成為許多求職者眼中的理想工作。對於尋求開放、透明、平等工作環境的人才而言，王品集團提供了一個展示自己能力和追求職涯成長的理想平台，公司也成功證明透過建立公開透明的工作環境，不僅能夠激發員工的工作熱情和創造力，促進團隊合作，還能藉此吸引並留住人才，為企業帶來長遠的發展與成功。

有關台達電與王品集團的企業案例，且容在後文中有更詳細的介紹與分析。

由此可見，開放透明文化在現代企業管理中的重要性，以及對人才吸引和員工敬業度提升的正向影響，並可以為企業創造一個充滿活力、互相信任和支持的工作環境。透過這些措施，企業可以成功打造一個讓求職者嚮往加入的雇主品牌。更重要的是，企業必須持之以恆的努力，並且確保在實踐中不斷調整和改進，以確保鮮明的企業形象，才能在激烈的人才爭奪戰中脫穎而出，成功吸引並留住優秀人才。

另外，在面試的階段，常有企業主管問起一個普遍的問題：「公司內每一位面試官的風格、直覺和評價標準不同，我們該如何確保招募面試的公平公正呢？」這個問題凸顯了一個挑戰，就是面試在主觀且多元的主管

評價中，如何能維持企業面試不同應徵者的一致性和公正性。以下將探討如何透過一系列的具體做法和工具，來確保面試過程的客觀性和公平性，進而提升應徵者體驗。

## 結構化面試流程

結構化面試流程是企業提升招募效率與公平性的有效方式，透過結構化的面試問題和統一的評分標準，可以對所有應徵者進行公平的評估，降低面試官個人偏見對任用決策的影響。我們輔導的一家連鎖事業集團，就採用了一套詳盡的結構化面試流程來確保面試的一致性和公平性。

他們的面試流程包括了一系列固定的面試題目，這些題目被精心設計以評估應徵者在特定職能上的能力和行為。面試官在面試過程中會使用一套詳細的評分卡，對應徵者的每一個回答進行量化評分，這套評分系統不僅涵蓋技能和專業知識水準，還包括團隊合作、創新思維和問題解決能力等多方面的職能。為了進一步確保評分的客觀性，公司還要求面試官在每次面試後應立即填寫評估表格，並提供具體證據支持其評分的結果。這些評分內容和回饋也會由其他面試官和人資審核，以防止單一面試官的主觀意見過度影響招募決策。

該公司透過這一套固定問題清單和對應的評分標準來評估應徵者，不僅提升面試的效率，確保面試甄選的一致性和公正性，還幫助公司挑到最合適的人選。

## 使用技術工具

隨著科技的發展,越來越多企業開始利用高科技工具來增加招募過程中的公正性和效率,特別是在面試階段,技術工具的應用可以大大減少人為偏見,並提供更客觀的評估數據。一家國外的新創科技公司,為了解決傳統面試中的主觀性問題,導入了 AI(人工智慧)面試平台,運用 AI 技術分析應徵者的語言表達與肢體語言。

這個平台使用高階的語音和臉部識別技術來評估應徵者的溝通能力、情緒穩定性以及反應適當性。例如,AI 工具會分析應徵者在回答問題時的語速、語調變化以及面部表情,這些數據幫助確定應徵者的壓力反應和自信程度。此外,AI 也能夠捕捉和分析微妙的非語言表現,如手勢和眼神交流,這些都是傳統面試中容易被忽視的細節。

公司還結合 AI 分析和傳統的人力資源專業知識,建立一個綜合評估系統。AI 系統提供初步的數據分析,隨後由人力資源專家進行深入評估,以確保評估的全面性和準確性。這種結合人工智慧和人類專業判斷的方法,不僅提升面試的客觀性,還加快了面試過程,讓公司能夠更快速地進行任用決策。

這家公司透過實施此技術顯著提高招募流程的效率和公正性,應徵者也展現正向的體驗回應,許多人表示透過這種方式進行的面試讓他們感覺更公平,公司也發現,這種方法幫助他們更精確地識別出真正適合職位要

求的應徵者。

所以，適當地利用技術工具不僅能提高招募的公正性和效率，還能幫助企業建立一個更積極、更具包容性的招募環境，可以在一定程度上減少人為的主觀判斷，提高任用決策的準確性。

## 多元化的面試團隊

另外，有一家跨國製造公司專門籌組了一個多元化的面試團隊，這個團隊成員來自公司的不同部門，具有多樣的文化背景和專業經驗，此措施不僅豐富了面試的視角，也增加招募過程的公正性和透明度。

當然，需要這樣面試方式通常是針對中高階的人選。這家公司的面試團隊包括來自亞洲、歐洲和美洲的成員，他們的專業背景涵蓋了工程、人力資源、市場行銷和財務等多個領域。透過這樣的團隊配置，公司能夠從不同角度評估應徵者的適合度，每位面試官也能根據自己的專業知識和文化理解，對應徵者的能力和潛力提出見解。例如，在招募一位新的產品開發經理時，技術背景的面試官專注於評估應徵者的技術能力和創新思維，來自人力資源的面試官則關注應徵者的團隊合作能力和領導潛力，來自市場行銷的面試官則評估應徵者是否能理解市場趨勢並應用於產品開發中。

企業透過多元化面試團隊的設立和培訓，可以顯著提升招募過程的公正性和效果，不僅有助於吸引多元背景的人才，建立一個包容和創新的工

作環境，同時也增強了雇主品牌的吸引力。

在追求招募公平性的過程中，持續的改進和培訓可以強化招募團隊的能力，確保招募過程的每一步都符合公正和透明的標準。每個人或多或少都存在著無意識的偏見，可能在不經意之間影響招募決策，因此針對人力資源團隊和公司有面試職責的主管進行培訓有其必要性，涵蓋認識面試過程中容易觸法的行為、如何避免個人的偏見，如何在面試過程中維持客觀性，及如何使用工具來支持公正決策等，皆為面試官培訓的學習重點。

公司也可以定期對面試官進行招募過程中的表現評估，包括他們如何應用培訓中學到的技能來改善面試成效，這些評估可以幫助公司確定培訓的有效性，並對未來的培訓內容進行調整和優化。另外，還可以透過定期的研討會來鼓勵面試官分享他們在應用這些技能的成功經驗和挑戰，以確保所有的招募活動均都已達到了公司設定的標準，也藉此提升公司應徵者的體驗。

## 即時回覆的重要性

在目前的人才爭奪競爭中，應徵者往往在多個職缺機會中做出選擇，如何處理招募過程中的溝通非常重要，即時回覆不僅能展現公司的專業態度，也是對應徵者尊重的一種表現。

在餐飲業，以服務品質聞名的鼎泰豐正是即時回覆的最佳案例，董事

長楊紀華曾表示，若覺得對方適合，會當場錄用，避免人才流失。他相信，應徵者的態度與潛力比學歷和經驗更重要，因此，鼎泰豐不僅在面試時果斷決策，也會提供完善的培訓，確保新進員工能夠快速適應。這種「當機立斷、適才適所」的方式，不僅讓鼎泰豐能夠吸納優秀人才，更強化了其卓越的服務文化，成為餐飲業的標竿。

以下提供企業一些實際的做法，以確保回覆的即時性：

## ⊙自動回覆系統

確保每一位應徵者在提交申請後能立即收到確認訊息，這種即時的回覆，對應徵者的體驗來說非常重要。很多公司目前都有使用這種自動回覆系統，設定自動郵件通知可以涵蓋從申請確認到面試邀請的各個階段，當應徵者提交他們的履歷表後，系統會自動發送一封郵件，內含職缺申請的接收確認和感謝語句，同時預告可能的後續步驟。

這種自動確認郵件不僅包含申請接收通知，還有對應徵者的歡迎詞，還可以提供公司簡介或連結，讓應徵者進一步了解公司的概況。另外，可以設定進階功能，根據應徵者申請的職位不同，自動郵件會提供職位相關的具體詳情，甚至包括面試準備應該注意的事項，預計的面試時間等資訊，這些都可以提升應徵者的面試準備體驗。

使用自動回覆系統不僅效率高、減少人為錯誤的可能性，還能有效地提升透明度和效率，讓應徵者即使在等待進一步的面試安排時，也能感受

到公司的專業和尊重，強化對公司的正面感受，也有助於提高他們對潛在職位的興趣與期待。這些對招募細節的關注可以為公司建立一種積極、開放且高效率的形象，讓應徵者對於接下來的應徵流程有所期待。

## ⊙定期更新

很多應徵者的困擾之一往往在於不清楚所應徵公司目前應徵的進展如何。所以，定期向應徵者更新招募進度，也是提升對方體驗一個重要的做法，通常可以透過自動化的人力資源管理系統，有效地管理和更新應徵者的進度，增進他們對公司的信任和滿意度。

這些人力資源管理系統具有自動郵件和簡訊通知功能，當流程進入新的階段，如履歷審查完成、面試安排確定等，系統便會自動向相關應徵者發送更新通知，並提供可能的面試時間選擇連結，讓應徵者根據自身情況選擇最適合的面試時間。同時，對於那些未能進入下一階段的應徵者，系統同樣會發送一封禮貌且鼓勵性的郵件，感謝他們的申請並鼓勵他們關注未來的職位機會。

在面試階段，系統會追蹤並更新每位應徵者的進度狀態，如面試已完成，評估中等資訊，一旦做出決定，無論是接受還是拒絕，應徵者都會立刻收到通知。這種即時和透明的溝通可以大大地提升應徵者對公司的信任感，有效地減少因資訊不明而產生的焦慮和不確定感，對應徵者的正面體驗來說非常有幫助。

### ⊙ 回饋與結果通知

關注員工體驗的公司會特別重視面試過程中的每一次人際互動，提供即時且有建設性的回饋，最好能設計結構化的回饋系統，以確保每一位參加面試的應徵者都能在面試結束後一週內收到詳細的評估表，包括應徵者的技術能力和專業知識，還可以提供溝通技巧、團隊合作等能力的表現。

確定面試結果之後，無論是錄取還是拒絕，通常應該由人力資源部門發送一封結果通知給應徵者，除通知面試結果外，並對應徵者面試表現的具體回饋，指出他們的強項及改進空間。對於未被錄取的應徵者，可以鼓勵他們根據回饋改進，未來再次申請或尋找更適合的機會。這方面做得更深入的公司甚至會發送一份簡短的問卷，詢問應徵者對招募過程的感受，並尋求他們的建議，以協助人力資源部門持續改善招募流程。

### ⊙ 使用 CRM 系統

這個系統已不僅是銷售和行銷活動的工具，也成為許多企業應徵者關係管理的重要工具，這些系統能有效管理並追蹤企業與應徵者每一次溝通的過程，並保證每位應徵者都能收到即時和個性化的回饋。

國外有一家大型的購物中心為提升應徵者體驗並優化其招募流程，就導入 CRM 系統來處理應徵者的資料，讓公司可以記錄和追蹤每位應徵者從申請到面試，再到最終無論錄用與否的所有互動記錄。這套 CRM 系統特別設計一些功能，可以根據應徵者的進度自動發送相對應的通知和更

新,還可以根據應徵者的回饋或面試結果自動更新其狀態,並在決定後迅速通知應徵者,無論是錄用還是拒絕。每一封郵件都經過精心設計,所有步驟都無縫整合,以確保溝通的即時性和一致性,不僅包括必要的細節,也顯示出對應徵者的尊重,讓公司在競爭的人才市場中贏得了高度好評。

在我們輔導的案例中,常常發現很多企業在招募甄選人才的過程中,比較重視即將進入公司的錄取者,對於未被錄用的應徵者,多數並沒有特別給予回應。如果將每一位應徵者都當作客戶來看待的話,如何處理未成功錄取的應徵者,使他們即使未獲錄取仍對公司存有好感,是提升雇主品牌和未來招募成功率的關鍵。

接下來,我們就來探討一些有效的做法,讓所有的應徵者感覺受到尊重和肯定,特別是那些未能成功獲得錄取的應徵者。

⊙ 正向的拒絕

良好的拒絕方式不僅能讓應徵者保有對公司的好感,甚至未來還可能再次申請應徵或推薦其他人才給公司。有一家專注於數據分析和雲端計算解決方案的國際科技公司,面對大量應徵者的甄選,發展出一套成熟的應徵婉拒流程,以確保每位應徵者都能從招募過程中,都能獲得尊重和正面的感受。

首先,該公司對婉謝信的內容進行了精心的設計,確保每封信都表達出對應徵者投入時間和努力的感激之情。信中明確表示,儘管此次未能選

擇該應徵者，但公司仍對其所展現的技能和專業表示讚賞，例如，會在信中提到「我們非常感謝你投入時間參與這次的面試。儘管這次我們沒有選擇你，但你的背景和經驗讓我們留下深刻的印象。我們將保留你的資料，在未來有適合的機會時再與你聯繫。」

此外，婉謝信中包含一段具體的回饋，根據應徵者在面試中的表現提供改進建議，不僅能幫助應徵者瞭解自己在哪些方面需要改進，也展現出公司對個人發展的支持和關懷。值得注意的是，如果要提供這種回饋時，應當是建設性的，直接談及應徵者的表現，避免使用模糊或過於籠統的內容。

該公司還承諾將保留應徵者的資料，在未來有合適的職位出缺時會再次聯繫他們，讓應徵者感到自己仍然有機會外，也為公司留下了迴旋的空間，以便在需要時能快速填補職位。另外，公司還會在發送婉謝信後幾週，會再次聯繫應徵者，詢問他們的近況，並提供發展的建議或相關資源。這種後續行動真正顯示公司對人才的真誠關懷，甚至超出應徵者的期望。

在實際的案例中，有一位初次應徵被拒絕的應徵者在收到個別的婉謝信和後續關懷後，對公司的印象大為改觀。幾個月後，當公司聯繫他提供另一適合的職位進行面試時，他不僅立即接受面試邀請，還在社交媒體上分享了自己的正面經歷，也幫公司提升了雇主品牌。

⊙ **後續關懷**

　　透過對所有應徵者的尊重和關懷，即使在婉謝的情況下也能留下正面的印象。以另外一家軟體開發公司為例，他們就非常重視對未被錄用應徵者的後續關懷。在完成面試流程但最終未獲得職位的應徵者，會在收到婉謝信的幾週後，再次收到公司發送的郵件，這封郵件不僅表達出公司對他們參與應徵過程的感謝，還詢問他們的近況，並提供發展建議或有用的資源，如免費的線上課程或產業報告，以幫助他們在未來職涯能夠更進一步的發展。

　　公司同時會邀請這些應徵者參加專門為潛在人才設計的活動及線上研討會，這些活動不僅有助於維持與應徵者的聯繫，還提供一個平台，讓他們更深入瞭解公司文化和業務發展，進一步增強其對公司的興趣和好感。公司曾舉辦一次虛擬技術研討會，專門邀請近期未成功錄取的應徵者，不僅在活動中提供有關最新技術發展的見解，還包括互動環節，應徵者可以直接與公司的高層技術主管交流。活動後，多數參與者表示，這種活動有效提升他們對公司的認同度和好感度，即使他們最初未獲錄用，也願意在未來持續關注公司的職位開放訊息。

　　透過這樣的後續關懷措施，不僅增強了應徵者的正面經歷，在業界中也累積良好的雇主形象，對於吸引更多優秀人才具有長遠的正面影響。應徵婉謝後的關懷通常被大多數公司忽視，但這是加強雇主品牌的重要機會，公司仍可以透過積極的溝通和關懷措施，建立和維護其雇主品牌。

## ⊙建立人才庫

建立和維護有效的人才庫對於提升企業人力資源的彈性和反應速度非常重要，其可幫助企業在有需要時，快速填補職位。

以一家知名的連鎖業為例，他們就擁有一個精心策劃和管理的外部人才庫，包括各種背景和專業的優秀應徵者，公司非常重視每一位應徵者的努力和潛力，即使在某些情況下未能提供立即的工作機會，也會將這些應徵者的詳細資訊保留在公司的人才庫中，因為他們可能適合未來的其他職位，同時也是對其專業技能的一種認可。

公司的人力資源部門會定期更新外部人才庫，並透過電子郵件自動發送包括公司新聞、最新產業動態、專業成長文章以及新開職位的通知。當公司新開發出一個創新專案需要特定技能的專業人才時，人資團隊會立刻從人才庫中篩選出曾經應徵過相關職位的應徵者，向他們提供職位開放的通知，不僅加快了招募流程，也提高職位和應徵者的適配度。人資部門成功地透過這個人才庫，重新聘用多名技術專家和管理人員，這些人才在接到職位通知後，多半非常樂意再度應徵職位加入公司。

對於那些表現出色，但由於某些原因未能獲得錄取的應徵者，將他們的資料保留在人才庫，對公司來說是一項長期資產，也讓應徵者感覺受到企業的重視。這是一個非常積極的人才管理策略，不僅能夠提升其對外部人才的吸引力，還能建立起正面的雇主品牌，有助於將更多的潛在人才轉化為未來的應徵者或甚至是公司品牌的推薦者，進而增強公司的人才競爭力。

## 02. 到職與任用：讓人才在正確位置上發揮價值

在員工的職涯中，到職的第一天可能是最重要的一天，這一天的經歷會深刻影響他們對新公司的第一印象及未來的工作態度。有效的到職程序不僅能減輕新進員工的焦慮，還能幫助他們快速融入團隊，感受到公司的關懷與支持。因此，公司需要精心策劃每個環節，從到職的第一天行程安排、迎新資料包和各項行政工作的準備，每一步都要確保新進員工能感受到溫馨和尊重。

### 到職第一天的行程安排

有一家跨國科技公司為新進員工的報到第一天，安排了一系列精心設計的活動，目的在讓新進員工感受到有溫度的關懷，並迅速了解公司的文化和運作方式。

該公司新進員工的迎新日是從一場由人力資源部主導的導覽活動開始展開，新進員工被帶領參觀公司的主要工作區域、會議室、休息區，以及其他重要的設施。接著，新進員工將被正式介紹給他們的直接主管以及主要團隊成員，在輕鬆的氣氛中，新進員工與團隊主要人員進行非正式的交

流，這些對話並非僅限於工作內容，更包括個人的興趣和生活，這樣的對話有助於建立初期彼此的信任和凝聚力。

到了午餐時間，公司貼心的安排新進員工與未來將直接合作的同事共進午餐，餐敘是安排在公司的員工餐廳舉行，透過非正式環境的互動方式，快速加強工作夥伴彼此間的了解和聯繫，以降低新進員工的社交壓力，並且幫助他們在輕鬆的氛圍中融入新環境。

為了給新進員工留下深刻印象，迎新日的最後，人力資源部還準備了一份特殊的禮品包，其中包括公司的紀念品和一些實用的辦公用品。此外，每位新進員工都會收到一封歡迎信，內容有他們直屬主管和人力資源窗口的聯繫資訊，以確保新進員工在未來工作中有充分的支持和協助。透過如此周到的安排，新進員工不僅在第一天就能了解公司全貌，更感受到公司對他們的重視和歡迎，進而快速地融入新的工作環境。

⊙迎新資料包的準備

內容完整充分的迎新資料包也是新進員工報到流程中的重要一環，它不僅提供了必要的資訊，也是展示公司文化與價值觀的重要工具。

以某連鎖傢俱公司為例，他們對迎新資料包的準備工作格外重視，精心設計了一個全面且具吸引力的新進員工迎新包，內容豐富且富有創意，內容包括基本的員工手冊、工作場所須知、福利政策說明以及企業文化的詳細介紹。這些資料經過精心設計，不僅文字描述清晰，還包括各種圖表

和插圖，使得閱讀更加生動有趣。迎新包中還包含一份辦公室平面圖，清楚標注各個部門的位置、會議室、休息區等，以及重要同事的名單，這些資訊大大幫助新進員工在公司的初步導航和人際關係的建立。而一份當週的活動安排表則幫助新進員工快速融入即將發生的團隊活動和重要會議。

透過這些綜合的資料和資源，新進員工可以在沒有壓力的情況下，在自己的節奏中了解和適應新的工作環境。公司還特別強調，所有新進員工隨時都可以向人力資源部或直屬主管提出任何問題，這種開放的態度進一步增強了新進員工的安全感和歸屬感。透過這樣精心準備的迎新資料包，新進員工能夠感受到公司對他們的重視和期待，進而快速建立起對公司的信任和忠誠，大幅提高員工的整體滿意度，大幅降低報到初期的離職率。

### ⊙提供有感的行政協助

人力資源部門應確保每位新進員工的工作座位在報到的前一天已經設置完成，包括電腦的軟硬體及個人設定的調整，如電子郵件帳戶的建立和系統操作權限的設定，並配備完整的辦公用品，包括筆記本、筆、文件夾和個人電話。這些細節的關注，可以展現公司對新人的重視，也讓新進員工感受到自己是被期待和歡迎的。公司甚至可為新進員工配備專門的行政助理，在第一天負責引導他們完成所有到職手續，從簽署勞動契約到安排健康檢查，並解答各種到職時可能遇到的問題。也可以透過先進的數位化方式來管理到職流程，讓每位新進員工都擁有一定的權限，透過電腦的資

料庫找到所有相關的報到文件，包括公司員工手冊、安全規則及新人培訓課程，不僅方便新進員工隨時查閱，也可以展現公司在科技運用的現代化理念。

透過這些細項的行政協助，不僅讓新進員工的報到過程變得更加輕鬆愉快，也傳達了公司對員工的關懷。這些行政協助可以有效地加速新進員工的適應過程，進而幫助他們在新工作中快速站穩腳步，為後續的發展奠定基礎。

## 適應並融入企業文化的活動

在公司內，確保新進員工快速融入組織文化，是很多公司都希望達成的目標，透過精心設計的文化融入活動，新進員工不僅能夠建立起與同事的聯繫，還能夠更深入地理解公司的核心價值和非正式文化。為能讓新進員工更順利地融入公司文化，可以在新進人員報到的一週內，設計一系列的到職活動，活動可以安排團隊聚餐、員工下午茶等活動。例如員工報到的第一天，可以由人資部門或任職部門安排歡迎午餐，邀請團隊的所有成員參加，讓新進員工在非正式且友好的氣氛中，與即將共事的同事們見面和交流。午餐時，可以安排每位成員簡單自我介紹，以幫助新進員工更快理解工作夥伴們在團隊中的位置和職務。

報到第一週的最後一天，可以邀請新進員工參加由總經理或高階主管

主持的下午茶會。在茶會中，高階主管可與新進員工更深入地分享公司的願景、使命以及未來的發展方向。新進員工也可以利用這個機會提出問題，直接從公司高層獲得各種重要的訊息，以提升他們對公司的了解，同時也展現了公司對新進人員的重視。

透過這一系列精心策劃的活動，新進員工能夠在很短的時間內感受到公司的歡迎之意，同時建立與同事之間的信任和友誼。這些策畫的內容，不僅可以加速新進員工的適應速度，也有助於提高新進人員的工作體驗。

新進員工初入新的職場，面對全新的工作環境與挑戰，經常感到不安與壓力。為了幫助新進員工更快適應這種變化，許多公司為新進員工指派學長姐或輔導員，這種措施能加速新進員工的適應過程。學長姐或輔導員用較具親和力的互動方式和專業的指導，可以為新進員工的職涯奠定良好的基礎。透過這樣的運作，新進員工能在學長姐或輔導員的指導下快速了解公司文化，並在後續的發展上得到持續的支持與引導。

## ⊙安排迎新會

如果各方面條件允許的話，安排一場迎新會不僅可以幫助新進員工快速了解公司文化和業務範疇，更是建立工作環境第一印象的重要時刻。迎新會通常是由人力資源部門來安排和主持，有時也可以邀請新進員工的直屬主管參與，主要是介紹公司從成立至今的歷史，讓新進員工對公司的發展有整體的認識，也激發他們對未來發展的期待和興趣。

一般來說，迎新會也會邀請最高領導人介紹公司的使命和核心價值觀，例如，強調其對創新的承諾、對客戶的尊重以及對員工福祉的重視，通常會結合具體的實例和故事來講述，使新進員工能夠具體理解這些價值觀在日常工作中是如何被實踐的。另外，還可以邀請事業部主管進行當前的業務範疇和市場定位的介紹，幫助新進員工瞭解他們的工作將如何與公司的策略目標相結合，以及他們的具體貢獻將如何影響公司的業績表現。

為了讓新進員工更快速融入公司，迎新會中還可以加入一些互動環節，讓新進員工有機會提問和表達自己的想法，這個環節可以由新進員工的直屬主管來主導，就新進員工的角色和責任進行更深入的討論和詮釋。迎新會的最後可以提供一份詳細的員工手冊，包括員工需遵守的各項政策以及日常工作中可能需要的各種資源。

透過這樣的迎新會，新進員工不僅能夠快速獲得必要的訊息，更能感受到公司對員工的關懷，進而提升員工滿意度。

⊙ **組織非正式的社交活動**

非正式的社交活動是一種有效的方式來增強團隊間的關係，尤其對於新進員工來說，這類活動提供了一個非正式的平台，讓他們能在輕鬆的環境中與同事建立聯繫，讓新進員工更快速的適應與融入團隊。

有一家網頁設計公司強調創意與團隊合作。為了讓新進員工能更快融入團隊，該公司每個月至少安排一次非正式的社交活動，如團隊午餐或下

班後的聚會。這些活動通常在公司附近的餐廳或咖啡館進行，形式多樣化，從共同觀看體育賽事，到參加小型烹飪課程，創造一個輕鬆且開放的交流環境。一位新進的平面設計師小潔，在加入公司的第一個月，就參加了一次團隊午餐，在一家當地知名的意大利餐廳舉行，不僅提供了美食，也讓團隊成員有機會在非工作環境中交流。

在這次聚會中，小潔認識了來自不同專案組的同事，包括一些資深設計師和專案經理，這為她之後的專案合作奠定了基礎。同時，這些資深同事也向她介紹了公司的非正式文化和各種內部笑話，讓她感受到了團隊的溫暖情誼。另一次活動是下班後的電影之夜，公司包場一家小型電影院，邀請所有員工一起觀看最新上映的電影，藉此加深與新成員之間的友誼。

透過這些簡單且具有凝聚力的社交活動，可以為新加入的夥伴，創造出一個支持性和互助的工作環境，不僅提升新進員工的歸屬感，也促進了團隊間的溝通與情誼。這些活動成本相對較低，但對於建立穩固的團隊文化和提升整體工作效率，卻相當有幫助。

當員工從新人階段過渡成為公司的正式員工後，如何在日常工作中持續維持和提升員工體驗，會影響其對企業的敬業度與留任意願，也決定了企業的持續成長和競爭力。一個積極的工作環境可以激發員工的創造力，增強團隊合作，並推動業務創新。

一般來說，讓員工理解他們的工作是如何影響公司和客戶，可以顯著提高員工的責任心和榮譽感。領導階層可以考量在引進新產品開發的階

段，設計一些環節，讓來自不同部門的員工參與產品設計和開發過程中。企業可以在決定開發新產品時，邀請來自生產線員工參與初期的設計階段，這些員工平時負責日常生產作業，但透過參與產品設計，他們能夠提供寶貴的實務經驗，幫助設計更適合大規模生產的產品。

新產品開發過程中，企業也可以考慮安排工作坊或類似「世界咖啡館（World Café）」的活動，我們經常為企業舉辦，讓員工能直接與研發人員和業務部門交流，共同討論產品的組成及包裝設計，鼓勵員工提出自己的建議，因為在這樣的過程中，不僅增加員工對產品的認識，也加深對自己工作重要性的理解。當產品成功地推向市場並受到客戶的好評時，這些曾經參與產品開發的員工會感受到巨大的成就感，如果能在年終或重要的會議上表彰他們的貢獻，更可以顯示他們的努力如何直接影響公司業績和客戶滿意度。這種將員工直接參與產品設計和開發的做法能讓員工親身體察自己的工作價值，這對於提升整個團隊的士氣和合作精神，都有相當正面的影響。

## 快速適應工作環境

在快速變化的企業環境中，新進員工到職的初期適應對其在公司的長期發展非常重要。許多公司也會指派經驗豐富的導師（mentor）給新到職的員工，目的是加速新進員工的適應過程並提升其初期表現，例如，新進

的軟體工程師被分配由一位資深工程師作為導師，則可有效促進了新進員工的快速融入。

導師制的實施，可以從新進員工到職的第一天開始。導師經常會安排一系列的一對一會議，這些會議不限於正式的辦公場所，可以帶領新進員工參觀整個辦公場所，從休息區到會議室，再到每個重要的工作站。這種導覽活動有助於新進員工了解日常工作的具體地點，並能更快地熟悉辦公室的位置和重要的路徑等訊息。

在技能方面，導師可以介紹工作的操作系統和開發工具的使用方法，導師可以示範如何使用這些工具，以及如何管理和優化他們的工作流程，這將有助於新進員工對工作快速上手。除了技能的傳授外，導師還可以傳授公司團隊合作的技巧，如何有效的溝通，新進員工可以學習如何在會議中提出關鍵問題、如何與不同部門的同事交流，以及如何在壓力下保持專業和冷靜。

此外，導師還可以定期與新進員工進行回饋談話，討論遇到的挑戰和進展，這有助於新進員工在工作初期階段獲得必要的支持和鼓勵。透過導師制，新進員工不僅能夠在短期內掌握必要的工作技能，還能在到職初期打好的工作基礎。

### ⊙促進職涯發展

透過導師的引導，新進員工能夠得到實際的職涯規劃建議和專業知識

傳授。以一家國際金融公司為例，他們實施了結構化的導師計畫，專門為新進的分析師配對經驗豐富的高級分析師作為導師。這些導師不僅提供一對一的指導，更重要的是在職涯規劃方面也會提供新進分析師寶貴意見。例如，有一位名叫李曉明（化名）的新進員工就是受益者之一。他的導師，王女士，是一位在金融分析領域有超過十年經驗的專家。王女士首先幫助李曉明針對在公司內部職涯的短期和長期目標，制定了一個具體的行動計畫，包括參與特定的專案，以提升他的技能組合，以及參加內部和外部的專業研討會，以擴展他的知識基礎。

同時，王女士利用自己廣泛的專業人際網絡，為李曉明介紹了其他業內專家和潛在導師。這些交流不僅增強了李曉明對產業的理解，還讓他有機會參與更多的發展機會，比如產業會議和專業小組。這種人際網絡擴展對於新進員工而言是難能可貴的，因為它們提供了觀察和學習的機會，同時也為他們日後的職務晉升奠定了基礎。

王女士還鼓勵李曉明參與公司的跨部門專案，不僅讓他能夠展現自己的能力，也讓他在公司中建立了更廣泛的接觸。透過這些專案，李曉明不僅提升了自己的專業技能，也增強了解決實際工作問題的能力，對他未來的發展產生積極的影響。透過王女士的精心指導和支持，李曉明能夠在到職初期階段做出明智的選擇，並在公司內部快速成長，甚至提前達成他原本規劃的職涯發展目標。這個成功案例充分說明導師在促進新進員工發展的重要作用，特別是在為他們提供策略性職涯規劃和擴展專業人脈方面。

## 提高員工敬業度以減少人才流失

當今的商業環境中，員工敬業度和留任意願是企業成功的關鍵。導師制不僅能協助新進員工成長，亦能強化員工對企業的認同感，進而降低離職率。透過提供持續的支持和個人化的指導，導師制能夠建立一個更積極和具有包容性的工作環境。

像我們過去所輔導的傳統產業中，建構導師制同樣可以用來增強組織敬業度和減少員工流動率，以下是一家大型製造業公司實施導師制的做法。該公司是一家數十年歷史的汽車零件製造商，面對著產業內競爭激烈和技術不斷革新的挑戰，為了更好地整合新進員工並提高整體員工敬業度，公司開始實施結構化的導師計畫。

新進員工小陳被分配給了一位經驗豐富的生產幹部劉課長作為他的導師，劉課長在公司工作了超過 20 年，對公司的生產流程和公司文化有著深入的理解。他的主要任務是幫助小陳快速適應公司的工作環境，並提供技術的指導。在小陳到職的初期，劉課長就安排了一系列的一對一會議，親自帶領小陳了解工廠的每個關鍵區域，包括生產線、品質控制部門和物流部門，不僅介紹操作流程，還分享處理生產挑戰的策略和技巧，這些都是多年工作所累計的經驗。

劉課長還指導小陳如何與團隊有效溝通，並介紹他給其他部門的關鍵人物，幫助小陳擴展其人際網絡。透過參與部門會議，小陳不僅提高了自

己的專業技能，也逐漸理解並融入了公司的文化。透過這個導師計畫的實施，讓小陳感受到公司對他的重視和投資，進而增強了他對公司的向心力，同時，他也感受到自己被賦予了發展和成長的期望，這也大大提高了他的留任意願。

　　從這個案例的分享，證明在任何產業裡，導師制都可以提升員工敬業度和減少人才流失的有效做法，該公司也在導師制的推動下，成功降低了新進員工的離職率，並提升了整體的員工滿意度。

## ⊙建立富含支撐力的工作環境

　　另外，建立一個支持性的工作環境，對於激發員工的工作熱情和創造力也很重要，包括積極的同事互動、開放和尊重的企業文化，以及適時的回饋和認可。像我們親自去觀察過，在西雅圖家喻戶曉的一家賣魚小店「派克魚舖」（Pike Place Fish Market）就是一個典型的例子。這家僅僅三十幾坪的小店，以其獨特的工作環境和員工互動方式，吸引了來自當地及全球觀光客的目光。店內員工們不僅僅是賣魚，他們藉由像拋魚表演和各式各樣的熱情服務，讓顧客們流連忘返，成為派克魚舖聲名遠播的一大亮點。

　　派克魚舖的成功秘訣在於對員工的關懷和培養。創辦人約翰‧橫山（John Yokoyama）在他出版的書籍《賣魚賣到全世界都知道》（When Fish Fly）中提到，派克魚舖的員工被視為是公司的核心。為了實現公司成為「舉世聞名的魚舖」的願景，每一位員工都需要展現出與之相符的態

度和熱情。當新員工加入公司時，將進行長達三個月的職前訓練，教導他們了解和融入魚舖的工作文化。培訓結束時新員工會在一個正式的儀式中公開宣誓，表明他們已準備好共同努力以實現公司的遠大願景。其中，他們還創造了一種指導文化，鼓勵員工相互學習和提升，當員工低潮表現不佳或缺乏自信時，公司會持續不斷的予以指導，並鼓勵團隊同儕之間相互指教，在這之後，員工的表現多能得到有效的提升。

透過這種關懷和支持的做法，派克魚舖不僅提升了員工的技能和熱情，就如同他們的制服上所展現的英文字 World Famous，成功地將一個小魚舖變成了全球知名的觀光景點，他們的聲譽除來自於有趣的表演，更來自於其卓越的績效，不僅營業成本降低，淨收入的增長更有數倍之多，進而成為美國最賺錢的單一零售店之一。這個案例證明即使是中小企業，也可以透過創新的方式投資在員工身上，並獲得業務成功。

許多企業經營者常常問我們，如何讓員工在日常工作中既能發揮自己的長處，又能促進個人和組織的共同成長？相信很多企業都有類似的問題，對於管理者而言，如何**有效地識別員工的潛力並賦予他們適當的責任是一項重要的任務，也唯有如此才能在工作上為員工提供更合適的發展機會。**

## 強化部門之間的溝通與合作

在許多企業中，人力資源部門作為新進員工的首個接觸點，深知招

## 第二章 | 實踐 全方位實現員工選用育留

募人才不易,所以通常會在新進員工正式報到的過程中投入大量精力和資源,以確保他們能夠得到充分的歡迎和必要的支持。從精心準備的迎新包、培訓的安排到個性化的關懷,人力資源部門會竭盡全力讓新進員工感受到企業的溫暖及其對人才的重視。然而,由於日常工作的繁忙和各種壓力,各部門主管及其他員工可能無法如同人力資源部門那樣給予新進員工足夠的關注,加上部門主管如果對於如何有效地指導新進員工的觀念不足,那麼新進員工在分配到各部門時,可能會經歷許多文化落差和情感孤立,感覺從人力資源部門的熱情接待到所屬部門冷漠接手之間的顯著差異,想必會讓新進員工的工作熱情和觀感產生負面影響。

要確保新進員工在從人力資源部門轉移到各自部門的過程中,繼續接收到相同程度的支持和熱情,建立強有力的跨部門溝通和合作機制是關鍵。一家大型跨國科技公司的做法可以提供參考,該公司創立了一個專門的「新進員工融入小組」來處理相關的挑戰,該小組由人力資源部、IT 部門及新進員工所屬部門的管理層共同組成。

這個跨部門協調小組的主要任務是監督新進員工的整個報到流程,從報到準備到職位培訓以及最終的工作適應。小組成員會定期會面,評估新進員工的到職狀況,並提供必要的調整建議,確保每個步驟都能無縫接軌,消除可能出現的溝通障礙。例如,有一位新加入的軟體開發工程師小娜,她在報到過程中遇到了一些技術的問題,人力資源部門透過跨部門小組迅速獲悉這一個情況,並與 IT 部門聯繫,確認了小娜的工作站和所需要軟

體。此外，由於她的直屬主管也是小組的一部分，因此能夠提前預備和調整她的工作任務，使她能夠更快地適應團隊的工作節奏。

透過這種系統性的方法，不僅提高新進員工的滿意度和工作效率，也增強了各部門之間的合作和信任。此外，這種跨部門的合作機制還有助於發現和解決其他潛在的組織問題，進而提高整個組織的運作效率和新進員工的滿意度。

## ⊙鼓勵跨部門的合作

在一家大型汽車製造公司，新進員工參與了一個名為「生產創新小組」的跨部門專案，專門為新進工程師和來自銷售、設計、製造和品質控制等部門的資深員工設計，目的在提升整個生產線的效率和產品品質。

通常新進員工在到職後的第一個月便會受邀加入這個小組，與其他部門的成員一起工作。目標是重新設計廠房內部的物料流動方式，以減少組裝時間和提高產品品質。透過這個專案，新進員工不僅學習到了先進的製造技術，還了解了公司的銷售策略和設計理念，這些都是新進員工在一般情況下不太可能深入了解的領域。這個「生產創新小組」在進行期間，也舉行了多次跨部門工作坊和定期會議，促進團隊合作與創意交流。有一位新進員工就曾在某次工作坊中，提出了一種使用新型輕質材料的建議，以降低產品的重量，這個建議經過團隊討論和測試後被接受，進而對整個產品線做出貢獻。

值得注意的是，新人初入職場時，尚未完全受到同化，比較能夠以外部視角來看待組織運作，並能提供不同於內部思維的見解。企業應善加利用這段時間，積極聆聽新進員工的觀點，這不僅能為組織帶來創新可能，也能讓新人更快融入團隊並建立價值感。

這種跨部門合作模式不僅讓新進員工能夠迅速了解和融入公司的營運，還幫助他們建立了跨部門的聯絡，提高他們在公司內的能見度。同時，這也激發資深員工與新進員工共同探索創新解決方案，進而提高整個團隊的創新能力和生產效率，更增強了公司市場的競爭力。

## ⊙定期召開檢討會議

在中小企業，有效的溝通和支持對於新進員工的快速適應和留任有很大的幫助，像定期的舉行一對一檢討會議，就是一種成本低效益高，而且簡單容易執行的方法，可以強化新進員工的融入和團隊整合。

以某資訊公司為例，他們是一家專注於軟體開發的中小企業，該公司的人力資源部門推行每週一對一的檢討會議制度，以支持新進員工解決工作中的問題。其中有一位新進的市場分析師小慧，在入職後的第一個月便開始參加這樣的會議。直屬主管是市場部門的劉經理，負責與她進行這些定期會議。會議通常安排在每週的最後一個工作日，地點在公司的小會議室，在非正式的氣氛下，劉經理首先會詢問小慧過去一週的工作感受和工作進度，分享自己在執行市場調查和數據分析過程中遇到的挑戰和收穫。

在某一次會議中，小慧提到她在使用數據分析軟體時遇到了技術問題的瓶頸，影響到她的工作效率，劉經理會後就立即安排IT部門的專家與她進行一場在職訓練(OJT)，幫助她更有效地使用這些工具，劉經理經常鼓勵小慧提出任何對部門運作和工作流程的改進建議。這些檢討會議讓小慧感受到公司對她的重視，也建立起與上司之間的信任關係。通過這種方式，公司成功地創造了一個支持性和開放的工作環境，不僅提高工作效率，也間接提升了整個部門的表現和新進員工的留任率。

這種定期的一對一會議證明了即使在資源不足的情況下，中小企業也可以透過簡單有效的管理實踐，讓員工覺得受到關注，提升工作滿意度，進而增強團隊凝聚力和企業競爭力。

## 實施適才適所的工作分配

進行適才適所的工作分配，讓員工在最適合他們的領域發揮能力，是提升工作效率和員工敬業度的關鍵。當員工被賦予與其技能和興趣相符的職務時，他們的工作熱情和創造力往往會有顯著提升。

有一家公司經常接到來自不同背景客戶的投訴，公司管理階層透過主管觀察及技能評估發現，員工小張在人際交往和問題解決方面表現突出，考慮到他的這些特點，公司決定將他從後勤檔案處理工作輪調到前線客戶協助的角色。小張的新工作讓他能夠直接與客戶互動，利用他的溝通技巧

第二章 | 實踐 全方位實現員工選用育留

來解決客戶的問題,這種工作特性的轉變不僅提高了小張對自己工作產生新的學習動力,也讓客戶的滿意度顯著提升。這樣出色表現不僅為他贏得了公司的肯定,還幫助他在工作中有更高的成就感,這樣的結果還激勵了其他員工更正向的看待公司的輪調計畫。

　　肯定員工出色的表現不僅是提升員工士氣和滿意度的關鍵,更是促進企業成長的重要因素。對於企業來說,如何有效地識別、讚賞和獎勵員工的優秀表現,是管理階層需要持續改善的課題。透過建立系統化的表彰和獎勵機制,不僅能讓員工感受到自己的價值,還能激發他們在工作中展現創造力和積極度,進而達到提升團隊的績效。

## ⊙ 發掘員工潛質及專長

　　有一家中小型科技公司,他們自行開發了一套簡易的員工技能評估工具,目的在定期檢視員工在不同領域的專長和興趣。這個工具包括線上問卷和面對面的評估會談,涵蓋創意思維、技術專長、人際交往等多個方面能力。每年員工需要完成一次自我評估,而他們的直屬主管也會根據日常表現提供回饋。例如,有一名員工原本在後端開發團隊工作,但透過技能評估發現他在客戶體驗設計方面有出色的潛力和強烈興趣。經過評估後,公司決定讓他參與前端設計的專案,並提供必要的訓練資源。這種轉變不僅提升了這位員工的工作敬業度,也為公司帶來了新的創意和增強產品的客戶體驗。

此外，該公司還定期舉行技能發展研討會和職涯規劃工作坊，讓員工能夠探索不同的職涯路徑並設定長期職涯目標。這樣的做法不僅增加了員工對自己職涯的方向感，也幫助企業更好地配置人力資源，讓每位員工都能在最適合他們的職位上發揮所長。

◉「業餘專案時間」制度

Google 公司於 2004 年開始實施一項創新的工作時間政策，稱為「業餘專案時間制度（side project time）」。根據這一政策，公司允許員工將高達 20% 的工作時間，投入到他們自認為具創造性和創新性的專案上。此制度係源自於 3M 公司實施的 15% 業餘專案時間制度，並讓 3M 公司獲得極成功的創新成果。這一制度的獨特之處在於，員工在這段工作時間內從事的活動無需事先獲得主管的批准，也不需要證明其選擇專案的正確性。這種做法鼓勵員工探索和驗證那些尚未被廣泛認知或網路搜尋引擎所覆蓋的新想法和假設，這種措施不僅提供了自主性，更激發了員工的推動技術和產品的創新，進而增強公司的競爭力和產業領導地位。

因此，企業可以考慮提供彈性的工作時間和自主選擇專案項目的機會來強化員工的創新行為。例如，軟體公司決定開發一款應用軟體時，專案經理可以在團隊會議中展示初步計畫和需求，讓團隊成員根據自己的技術專長和興趣，選擇想要參與的專案。以開發一個新的個人財務管理應用軟體為例，在專案經理提出多個開發模組，包括用戶界面設計、後台數據處

理和 AI 功能後，其中一位開發人員對 AI 有深厚的興趣和專業知識，他選擇負責 AI 預算建議功能，除了提供了創新的解決方案，這位員工還能深入探索並運用最新的 AI 技術來優化功能。這套制度讓員工感受到更大的工作自主性和責任感，讓他們更願意投入自己的工作，同時也能降低職業倦怠感，並且大幅提升員工創造力和團隊創新。

根據這個概念，公司還可以進一步實行彈性工作時間制度，允許員工根據自己的生活安排自由調整工作時間，這些以員工為中心的工作環境設計，即使在發展中的中小企業，透過類似的創新措施，也能大幅提升員工體驗和團隊績效。

## 建立系統化的表彰機制

建立一套系統化的表彰機制不僅能公平且即時地肯定員工的優秀表現，還能激勵全體員工勇於挑戰更高的標準。有一家金融科技公司就設立了一個名為「明星員工獎」的年度評選活動。每年年底公司會舉行全面的遴選過程，首先由各部門內部進行初選，員工可以推薦他們認為在工作中表現傑出的同事。這些被推薦的員工名單會提交給公司的人力資源部門，進行進一步的篩選和審查。評選委員會則由公司高層和部門主管組成，他們會根據員工的工作表現、創新貢獻、團隊合作精神等多方面的標準，仔細遴選出最終的獲獎者。

該公司的明星員工獎不僅是一個名義上的稱號，還附帶了豐厚的獎勵措施。獲獎的員工會在公司年會上公開頒獎，全體員工會齊聚一堂見證這個榮耀時刻。公司會邀請獲獎員工上台發表感言，分享他們的成功經驗和心得體會。這種公開表彰的儀式不僅提升了獲獎者的榮譽感和成就感，也讓其他員工看到努力工作帶來的肯定和獎勵。

　　除此之外，獲獎員工還會獲得實質性的獎勵，包括額外的獎金和休假。這些獎勵不僅能夠讓員工感受到公司的重視和肯定，還能激勵他們在未來的工作中繼續努力。對於其他員工來說，看到同事因為出色的表現而獲得這樣的獎勵，也會激發工作積極性和競爭意識，努力向獲獎同仁看齊。

　　這套系統化的表彰機制還有一個重要的組成部分，那就是透明和公開的遴選過程。在遴選過程中，公司會公開評選標準和流程，讓所有員工都能瞭解候選人評選的依據和過程。這種透明度不僅能增強員工對評選結果的信任，還能避免因資訊不對稱所產生的誤解和不滿。同時，公司還會在內部公告欄和內部網站上公佈最終的遴選結果，讓全體員工都能分享得獎者的喜悅和榮耀。**這種公開表彰和實質獎勵結合的方式，既能提升員工的榮譽感，也能激發他們在工作中的創造力和積極度，最終實現企業和員工的雙贏。**

## ⊙即時肯定日常表現

　　除了年度評選，日常工作的即時肯定同樣重要。企業可以透過設立月

## 第二章｜實踐 全方位實現員工選用育留

或季的獎勵，來確保員工的努力和貢獻得到即時的認可。例如，一家連鎖餐飲事業即是透過「每月之星」獎勵計畫來激勵員工。

這家公司每月會評選一次每月之星，表彰在當月工作中表現突出的員工。評選過程由各部門主管根據員工的工作績效、創新貢獻和團隊合作等多方面進行推薦，最後由公司人力資源部門進行綜合評審。這些獲獎員工的照片和工作具體成就會被展示在公司內部公告欄和公司內部網站上，讓全體員工都能看到他們的優異表現。

每月之星獎項曾經頒發給了客服部門的一位員工，他在處理客戶投訴方面表現出色，不僅即時解決了多起複雜的客戶問題，還收到了多封客戶的感謝信。這位員工的努力和貢獻得到公司高層的認可，他的故事被詳細介紹在內部網站上，並受邀在部門會議上分享他的經驗和心得。這種公開表揚不僅讓員工有榮譽感，也讓其他員工看到了努力工作的價值和回報。獲獎的員工還獲得一張特別的獎勵卡，這張卡可以用來兌換咖啡或其他小獎品。這些獎品雖然不多，但它卻代表公司對員工努力的認可和感謝。這種即時的物質獎勵，雖然簡單，卻能給員工帶來實實在在的滿足感，並激勵他們在日常工作中持續努力。

一家電子商務公司還設立了「即時表彰」制度，每當員工在工作中有突出的表現，主管可以立即給予口頭表揚，並在公司內部通訊平台上發布表彰資訊。這種即時表彰的做法，讓員工的努力能夠被快速、即時地認可，不僅增強了員工的自信心，也提升了團隊的士氣。例如，有一次在一次大

型促銷活動中，品牌部的某位員工提出一個創新的行銷方案，這個方案大大提升了活動的曝光率，並且帶來了顯著的銷售成長。品牌部主管立即在公司的內部通訊平台上發布了一條表彰資訊，詳細描述了這位員工的創新貢獻對活動成功的影響。這條資訊迅速獲得了同事們的點讚和留言，大家紛紛表示祝賀和學習。

此外，曾經有一位惠普（HP）高層向員工發起了一項競賽，挑戰他們解決某個問題，如果他們解決了將會獲得特別獎勵。有一天，有一名部屬走進了他的辦公室，並說他解決了那個問題，但是這位高階主管竟忙到完全忘記了這個比賽，所以他手邊沒有事先準備任何「獎品」，他連忙環視辦公桌，試圖找出可以獎勵那位員工的物品。當場他能找到最好的東西就是午餐時從餐廳帶回來的一根香蕉，於是他趕快拿起香蕉，並且喊著：「恭喜你！你獲得了金香蕉獎！」。

當然，若單純從金錢價值的角度來看，這根香蕉真的是微不足道的獎品，但是當這名員工離開主管辦公室時卻非常興奮，因為重點是他的努力獲得了主管認可。後來這件事漸漸在公司內部流傳開來，當有員工表現傑出時，同仁們之間也會互贈香蕉。最後，惠普正式設立「金香蕉獎」，並成為對惠普有傑出貢獻的員工夢寐以求的獎勵。

從上述幾個實際的例子，可以了解這種即時的認可和表彰，創造了一種積極向上的工作氛圍，讓員工感受到他們的努力和貢獻隨時都被看見和讚賞。這種正向的企業文化不僅提升了員工的工作滿意度，還鼓勵他們在

日常工作中不斷追求卓越，爲公司的持續成功貢獻更多的力量。不管是每月、每季獎勵或實施即時表彰制度，都能夠即時肯定員工的日常表現，**創造一個充滿正能量的工作環境，這對於提升員工的工作動力和整體績效具有重要意義。**

### ⊙公開讚賞和私下鼓勵

公開讚賞和私下鼓勵是肯定員工工作表現的兩種重要方式。公開讚賞能夠提高員工的榮譽感，增強他們在團隊中的影響力。私下鼓勵則能提供更爲個人化的協助和關懷，這兩種方法相輔相成，共同營造出積極的工作氛圍。像歐德傢俱集團爲鼓勵員工積極表現，領導人會帶頭使用「歐德之星卡」的隨身卡片，當員工有優異表現時，會被即時寫在卡片上，並當場遞交給當事人，以示鼓勵。這種方式獲得了員工的高度讚賞，同時也增強了團隊的凝聚力和員工的積極性。

公開讚賞是一種強有力的激勵方式，能直接讓員工感受到來自全公司的認可和協助。一家醫療設備公司在全體員工週會中設置了一個「表彰時刻」儀式，由各部門主管輪流公開讚賞在過去一週表現優異的員工。這種「百賞一罰多鼓勵」的鼓勵思維，不僅讓被表彰的員工感到自豪，也讓其他員工看到公司的重視和鼓勵，進而激勵他們在未來的工作中更努力。該公司的一名技師曾經在一次設備緊急搶修中，展現了卓越的技術能力和快速的反應能力，成功地挽救了一台價值不菲的醫療設備。在隔週的員工大

會上就獲得部門主管公開表彰,並獲頒一張特製的感謝卡和一個象徵榮譽的獎牌,這次公開表彰不僅讓小李感到無比光榮,也讓其他員工產生效法的動力。

相較於公開讚賞,私下鼓勵則能提供更為個人化的協助和關懷。一家軟體開發公司鼓勵部門主管在日常工作中,對表現優異的員工進行一對一的面談,表達對他們工作的肯定和感謝,同時瞭解他們的職涯發展需求和困難。這種私下的鼓勵方式,能讓員工感受到來自主管的關心和協助,有助於建立更深厚的工作關係和信任。一名員工小張在某個重要專案中表現突出,成功地提前完成了開發任務。部門主管在看到小張的出色表現後,特意安排了一次一對一的會談。在會談中,主管不僅對小張的工作表示高度肯定,還耐心傾聽了小張在職涯發展方面的想法和困惑。根據小張的需求,主管為他安排了相關的培訓課程和職涯發展的機會,並表示會在未來的工作中提供更多的協助。這次私下的鼓勵和關懷,讓小張感受到來自公司的真誠關心,進一步增強了他的敬業度和工作積極性。

公開讚賞和私下鼓勵各有其獨特的優勢,兩者結合使用,能夠最大程度地激發員工的潛力和工作熱情。公開讚賞可以在公司層面上營造出積極的工作氛圍,讓員工看到努力工作的價值和意義;而私下鼓勵則能在個人層面上提供客製化的幫助,讓員工感受到來自公司的關心和重視。例如,該軟體開發公司在每季的員工大會上,不僅會公開表彰那些在上一季內表現優異的員工,還安排部門主管與這些員工進行私下面談,深入瞭解他們

的需求和困難。這種結合公開讚賞與私下鼓勵的方式,既能提升整體士氣,又能增強員工的士氣。

在企業的發展過程中,**肯定員工的出色表現是提升員工滿意度的關鍵,也是促進企業長期成長的重要因素**。透過建立系統化的表彰機制、即時肯定日常表現、多元化的獎勵形式、公開讚賞與私下鼓勵,企業能夠有效地激發員工在工作中的積極性,進而達到提升整體團隊績效的目標。這種全方位的獎勵,不僅能讓員工感受到自己的價值,還能促進他們在工作中的持續努力和成長,最終實現企業和員工的雙贏。

### ⊙多元化的獎勵形式

在獎勵員工的過程中,多元化的獎勵形式可以帶來更多的激勵效果。不同員工對獎勵的需求和喜好可能各不相同,企業應該根據員工的個性化需求來設計獎勵方案。例如,一家管理顧問公司在這方面的實踐就非常值得借鏡。

這家顧問公司除了傳統的獎金和休假獎勵外,還設立了「個人成長基金」。這筆基金專門用於協助員工的職涯發展需求,員工可以根據自己的職涯發展需求,申請這筆基金來參加培訓課程、購買專業書籍或進行職業資格考試。這種針對個人職涯發展的獎勵形式,不僅能提升員工的專業技能,還能增強他們對公司的敬業度。

例如,該公司的一名員工小陳,一直對數據分析和人工智慧有濃厚的

興趣，雖然他的主要工作是市場研究，但他希望在數據分析領域進一步提升自己。得知公司有這樣一個「個人成長基金」，他申請了這筆基金，用於報名參加一個為期六個月的數據分析 AI 課程。培訓結束後，小陳的數據分析技術能力有了顯著提高，並且能夠將學習的新技能應用到工作中，為公司提供更精準的市場分析報告。這種獎勵形式讓小陳感受到公司對他的重視和協助，也讓他獲得職涯發展的提升。小陳的例子在公司內部被廣泛傳頌，其他員工看到後也紛紛積極申請，運用這筆基金來提升自己的專業能力。這種良性循環也提升了公司整體技能水準和競爭力。

　　除了個人成長基金，這家顧問公司還設立了「文化體驗獎勵計畫」。這項計畫鼓勵員工在完成重大專案後，申請資金進行一次文化體驗之旅，如參觀博物館、參加文化藝術節或學習新的語言等。這種獎勵形式不僅豐富了員工的生活經驗，還激發員工的創意和靈感。公司曾經有一個團隊成功完成了一個跨國專案，並為公司帶來了可觀的收入。為了表彰團隊的出色表現，公司為每位團隊成員提供了一次文化體驗的機會。團隊成員們選擇去歐洲的藝術之旅，旅程中參觀了許多著名的博物館和藝術展覽，不僅讓團隊成員們增進了彼此的瞭解和友誼，還讓他們在接下來的工作中更充滿熱情。

　　此外，公司還實行了「家庭關愛計畫」，為員工的家人提供特別福利，例如家庭日、子女教育津貼等。這些獎勵不僅關注員工本身，也照顧到他們的家庭，讓員工感受到公司對其家庭生活的重視和關懷。透過多元化的

獎勵形式，這家顧問公司成功的激發了員工的工作積極性，增強了員工對公司的歸屬感和敬業度。這些獎勵不僅滿足了員工的不同需求，還為公司的長期發展注入了更多的動力。公司高層表示，這些多元化的獎勵措施讓員工看到公司對他們個人和職涯發展的重視，進而在工作中更全力以赴，為公司持續貢獻自己的力量。所以，**企業應該根據員工的具體需求和喜好，不斷創新獎勵方式，營造出一個激勵人心的工作環境。**

## 優化工作環境

工作環境中提供必要的工具和設施，已成為維持和提升員工體驗的核心要素，對於企業和管理者來說，如何在有限的資源下，創造一個高效且符合需求的工作環境是一項挑戰，如果在辦公空間的設計多下工夫，不僅可以提升員工體驗，還能提高工作效率和促進團隊合作。我們輔導的一家公司就嘗試了以下的做法。

由於這家公司辦公室的租金非常昂貴，所以他們打算重新設計原有的辦公空間，並採用靈活的空間布局，將有限的辦公空間轉化成功能豐富且彈性的工作環境，以滿足快速成長的團隊需求。首先，他們導入模組化的工作空間，這種工作空間可以根據團隊專案的需要，快速重新配置，進而支持不同大小的團隊合作。為了促進開放式溝通並激發創意，該公司另外再設計了一個大型的開放式工作區，配備了移動式的辦公桌和座椅，員工

可以根據需要自由地移動和重新組合空間，以適應各種工作和討論形式。在這個區域還包括了一些隨意放置的植栽和藝術品，為工作環境增添了創造性的元素。

考慮到需要安靜專注的員工，公司還特別設計了一個靜音區。這個區域使用隔音材料，內部裝飾以柔和的顏色和燈光，提供了一個適合深度思考和專注工作的環境。靜音區內配備了高品質的降噪耳機和人體工學椅，確保員工在長時間工作後仍保持舒適。此外，公司還在辦公室的核心區域設置了多功能的會議室，這些房間裝配了高科技的影音會議設備和白板，可以用於團隊會議、客戶簡報或當作培訓教室。這些房間的牆壁還裝上可書寫的白板，以利員工討論時可以直接書寫或繪圖，促進集思廣益時的視覺化效果。

這些調整不僅有效提升辦公室的功能性，也大大增強了員工的滿意度和生產力，員工們表示，新的辦公環境讓他們感到更被重視，也更樂於在辦公室工作。這個案例顯示即使在預算有限的情況下，企業也能透過設計上的巧思，創造既實用又能激勵員工的工作環境。

在技術支持方面，企業也經常會面對預算上的限制，但是這些基本技術設施又是維持員工業務日常運作的關鍵，不僅關乎工作的效率，對於員工的滿意度也有很大的影響。所以，企業如何有智慧地投資於必要的技術工具，對於團隊效率和生產力的提升非常重要。例如，投資於雲端的辦公軟體就非常重要，可以讓員工能夠在任何地點進行合作和文件共享，能有

效提升工作彈性和團隊效率。

另外，健康和安全工作場所的重要性也不容忽視，例如有一家印刷公司，員工人數雖然不多，但員工在工作上經常需要長時間站立和操作機械，管理階層發現員工在生產線上工作時常常感到疲勞和不適，因此決定加以改善這種情況。公司首先對生產區的照明系統進行了全面升級，換裝了高效能的 LED 燈，不僅改善了照明品質，減少員工因昏暗照明導致的眼睛疲勞，也節省了電費。同時，為了提升空氣品質，公司還安裝了新的空調系統，特別是在印刷機和化學品存放的區域，以確保空氣的流通。另外也設立了一個小型休息室，這個空間配備了舒適的沙發座椅，讓員工在繁忙工作之餘還能稍微休息放鬆。

這些改善的做法，雖然初期需要投入一些經費，長遠來看，卻有助於大幅提升員工的工作滿意度和生產效率，同時也減少員工因健康因素導致的缺勤問題。即使是規模不大的中小企業，只要小幅投資在基礎的健康和安全設施上，也能夠有效地提升員工的工作體驗。

## 03. 培育與成長：協助員工發揮潛力

　　持續學習不僅是個人職涯發展的核心，也是企業競爭力的關鍵，如何建立有效的學習與發展環境。推動員工的持續學習，提升組織的適應能力和創新能力，不管是透過在職訓練、線上學習還是跨部門合作，讓員工感受到自己的成長與進步，是企業長期發展的重要課題。

　　為能使企業資源有效運用，公司可以建立一個知識共享的平台，促進員工彼此間的學習與知識交流。這種做法能有效利用公司的內部資源，並鼓勵員工根據自己的專長領域，定期召開研討會或技能分享會。例如，資深軟體工程師可以主持 flutter 最新軟體開發工作坊，讓其他同仁認識這個能為 Android、iOS、Windows、Mac、Linux 等進行跨平台開發軟體的開發架構。

　　這種由員工主導的培訓不僅成本低廉，還能提高培訓的聚焦性和實用性，員工也會因參與了教育訓練規劃與執行而更加投入，同時可以提高團隊的技術水準，促成跨部門合作的契機。除了專業技能的分享外，知識共享可以涵蓋各種職能的教育訓練，如領導力發展和團隊管理等領域，由公司經驗豐富的主管來擔任賦能的角色，為員工提供學習和成長的機會。透過這種內部資源的善用及持續的推廣，建立學習型組織和學習文化。

## 第二章 | 實踐 全方位實現員工選用育留

在考慮如何推動持續學習並讓員工感覺自己在進步，企業可以採用個人發展計畫（Individual Development Plan, IDP）的制度，透過結合實踐學習和主管回饋，一方面促進員工個人能力的提升，同時還能支持組織整體發展。在計畫擬定階段，人力資源部門可以安排員工和直屬主管共同擬定人才發展目標，以兼顧公司業務發展的需求與個人職涯規劃，明確制定能提升員工成長的培訓課程或發展方式，並制定出具體可行的行動計畫。

在執行個人發展計畫的過程中，除員工本人外，主管及人資部門也應積極參與，透過定期的進度檢討，適時的給予員工回饋和指導。在這個過程中，主管的支持與指導尤為重要，需要提供具體的資源和協助，以促使員工實際應用新學到的技能。在計畫期間結束後，需要對 IDP 的成效進行評估，分析員工在執行計畫過程中的表現、學習成果以及對工作目標的貢獻，再根據評估結果，進一步調整下一期的個人發展計畫。透過 IDP 制度，公司能準確地對員工進行職涯發展的指導，鼓勵員工主動參與自我發展的過程，有助於建立自主學習的文化，進而達成個人和組織的雙贏。

不管企業規模如何，即使在有限的預算下，建議仍需持續對員工進行專業培訓，使員工能夠在其自主時間規畫下學習多種課程，並允許員工根據個人興趣和職涯發展需求來選擇課程。為鼓勵員工積極參與並完成課程，公司也可以設立獎勵機制，每當員工完成特定課程並通過最終考核，即可獲得公司頒發的認證證書。

企業也可以透過內部分享的網路論壇形式，讓員工分享從課程中學到

的知識和應用於工作的經驗，這種形式不僅能增強團隊成員的知識經驗交流，也促進從學用合一的目標。很多企業運用這樣的方式實施一段時間後，經常發現結果不僅擴展了員工的專業知識技能，甚至提升整個團隊的創新能力。

此外，企業也經常選擇與外部專業機構合作，導入領域專家來進行專業培訓，以提高生產效率、減少資源浪費和增強員工的專業技能。有些顧問公司的專家團隊會協助企業進行全面檢視，並識別出效率低下和資源浪費的關鍵領域，然後再制定一系列的工作坊和實戰訓練課程，讓員工不僅學習理論知識，還能透過參與專案來練習實踐所學知識。

建立一個支持性的學習文化對於任何組織來說，都是實現持續學習和員工成長的關鍵。這種企業文化鼓勵員工積極探索新知識，並將學習視為日常工作的一部分，企業的領導階層在此過程中扮演重要的推動角色，其行為和態度會大大地影響員工的學習動力和參與度。例如，總經理親自參與每月的技術研討會，除了互相分享學習心得，還會邀請專家學者舉辦專業講座，不僅向員工展現組織對學習的重視，也激勵員工對自我提升的熱情，讓他們感受到個人的專業成長受到公司相當高的重視。

## 鼓勵員工參加職涯發展計畫

在競爭激烈的現代商業環境中，鼓勵員工發展個人職涯規劃對於中小

企業來說是一項重要的策略，這不僅有助於員工的個人成長，還能提升企業的整體生產力和員工留任率。一個**積極推動職涯發展和提供實質晉升機會的工作環境，能夠有效提升員工的敬業度和工作滿意度。**

制訂個人職涯發展計畫主要是協助員工的職涯發展，並確保他們的個人目標與公司目標一致，公司會將此視為投資人才未來的一部分。公司的人力資源部會安排適當人員與員工一對一會談，協助員工規劃職涯發展路徑，有時會進行職能評估和技能測試，深入了解員工的技能水準、職涯發展興趣和長期目標。

同時，也會利用一套詳細的職涯發展工具，包括職業性向測驗和技能評估，以精確地識別其強項和發展潛力。基於這些資訊，人力資源團隊就可以提供新進員工個性化的職涯發展建議計畫，包括定期的技能提升培訓、參與特定的專案小組以增加實戰經驗，以及定期與直屬主管進行的職涯發展對話，計畫中還提供了清楚的里程碑和評估標準。

此外，職涯發展還包括定期的回饋和調整計畫的機會，以及定期評估，以確保計畫的有效性。這種積極的職涯規劃和支持，可以讓員工感受到公司對其未來發展的重視，不僅對員工個人的成長有顯著提升，也對公司的人才留任和業務成果產生積極的影響，進而逐步培養出忠誠、高效和熱情的人才梯隊。

以台灣的一家中小型科技公司為例，這家公司非常重視員工的職涯發展和人才培養。公司專門針對那些展現領導潛力的員工設立了一個名為

「未來領袖計畫」的培訓課程。這個計畫包括一系列的專業培訓課程、實戰專案參與以及與高層管理的定期對話，目的在培養員工的技術技能和領導能力。例如，李小姐是公司內一名表現出色的軟體工程師，她被選入這個計畫後，參加了多個關於專案管理和決策制定的研討會，這些研討會不僅提升了她的專業知識，還強化了她的領導能力和溝通技巧。此外，作為計畫的一部分，李小姐還被賦予了帶領一個新專案的機會，這個專案目的在開發公司的一款新軟體。透過這個專案，她得以實踐技術能力和領導技能，並成功引導團隊達成了專案目標。

公司還提供了明確的晉升路徑，對於在「未來領袖計畫」中表現出色的員工，會被考慮提升為部門主管或更高職位。李小姐在計畫結束後不久，由於她在專案中的傑出表現和領導才能，被晉升為技術部門的副理。

這種系統性的職涯發展協助和晉升機會的提供，不僅加深了員工對公司的忠誠和歸屬感，還促進了員工的個人和專業成長。員工感覺到自己的職涯目標和公司的發展目標是一致的，這增加了他們對工作的投入和滿意度，並且為公司培養了一批能夠應對未來挑戰的接班梯隊。

這個案例表明，**透過建立協助性的學習文化和提供成長機會，投資於員工的能力發展，不僅能提升員工的技能和領導力，還有效提高員工的滿意度和留任率，更為企業帶來了長期的競爭優勢和穩定的人才庫，成功實現員工和組織的共同發展。**

## 建立和諧互助的工作環境

　　建立一個支持性和包容性的工作環境，是確保員工能夠在其擅長的領域內充分發揮潛力的關鍵。這種環境不僅提供必要的資源和工具，還包括給予員工足夠的自主權，進而促進創新並提高工作滿意度。

　　一家位於新竹的中小型生物科技公司就是一個典型的例子。這家公司在業界以創新聞名，其秘訣在於建立了一個鼓勵創新和自主決策的工作環境。公司管理階層深信，員工若能在其專業領域內自主操作，將更能發揮其創造力。

　　為了實踐這一理念，公司特別設立了一個名為「創新實驗室」的平台，允許員工提出和實驗新的研發點子，即使這些想法最初看似不切實際。例如，一位研究員提出了一種新的藥物交付系統，儘管初期存在許多技術障礙，但公司提供了必要的資源和技術協助，讓他可以自由地探索和完善他的想法。

　　不但如此，公司還定期舉辦創意工作坊，鼓勵員工跨部門合作，尋找解決方案來克服工作中遇到的挑戰。這些活動不僅加強員工之間的互助合作，也強化了員工的創新行為。更重要的是，公司極力提倡一種無懼失敗的容錯文化。管理階層經常強調，失敗是成功的養分，每次都能從失敗中學習和調整策略，這種文化積極鼓勵員工大膽嘗試且不懼風險。

　　透過這些措施，該公司不僅成功開發了多種創新產品，還建立了一個

具有高工作動機和高滿意度的工作團隊。員工覺得自己的貢獻受到公司賞識，這不僅能確保員工在工作中能夠做他們最擅長的事情，還能建立起一種積極向上的工作氛圍，促進企業的整體成功。

## 設計定期回饋機制

定期回饋機制對於維持員工的工作動力，以及提升企業整體效率非常重要。這種機制能夠確保員工在工作中獲得指導和協助，並且透過雙向溝通來促進管理階層與員工之間的理解與信任。有一家大型零售公司每季進行一次一對一的績效會談會議，此會議不僅限於主管對部屬的評估，還包括雙向溝通和建議。績效會談是由員工的直屬主管召開，會議內容包括員工過去一季的工作表現、達成的目標以及需要改進的方面。員工還有機會提出自己的問題和困難，並與主管共同討論解決方案。

在這家公司的某次回饋會議中，一名業務經理與她的主管進行了深度對話溝通。業務經理分享了她在過去三個月中遇到的挑戰，包括大客戶的訂單延遲問題。透過這次回饋會議，主管幫助她分析了問題的根源，並提供了實用的建議方案，如改進訂單管理流程和加強對供應商的溝通。這次會議不僅幫助業務經理解決了實際面對的難題，也讓她感受到主管的協助和重視。此外，一家位於新竹科學園區的科技公司也實施定期回饋機制。這家公司每月舉行一次個別回饋會議，由員工的直屬主管主持，重點檢討

過去一個月的工作表現、目標達成情況以及需要改進之處。員工在會議中有機會提出自己的問題和困難，並與主管共同討論解決方案。有一名軟體工程師就曾經在回饋會議上提出，她在最近的專案中遇到了技術瓶頸，導致進度落後。主管聽取了部屬的描述後，立即安排了資深工程師提供技術指導，並為其提供了相關培訓資源。透過這種即時的協助和指導，該員工不僅克服了技術難題，還學習到了新的技能，提升了專業能力和工作績效。

這種定期回饋機制的實施，讓這家科技公司的員工感受到來自公司的持續協助和關懷，增強了他們對公司的認同感。員工表示，這種機制讓他們在工作中能夠即時解決問題，並且能夠清楚地瞭解自己的優勢和需要改進的地方。在這個過程中，企業需要確保回饋會議的透明度和公平性，讓每一位員工都有公平的機會參與回饋和溝通。此外，企業還應該根據回饋的結果，即時調整和改進工作流程和政策，進而不斷提升企業的營運效率。

透過這些具體的案例和實踐經驗，瞭解定期回饋機制的實施對於提升員工體驗和企業競爭力具有重要意義。企業應該積極推動此機制，以確保員工在工作中能夠獲得持續的指導和協助，並且透過雙向溝通來促進管理階層與員工之間的理解與信任，進而實現企業的長期發展目標。

## ⊙促進勞資雙向溝通

為有效地推行雙向溝通，公司需要制定明確的流程，管理階層應該接受專業的培訓，學習如何有效地傾聽和回應員工的意見和建議。其次，公

司應該建立一個透明和開放的溝通環境，鼓勵員工主動提出問題和建議，比方說設立專門的溝通管道，例如內部社交平台、匿名意見箱等來實現。

企業還應該定期評估雙向溝通的效果，例如定期進行員工滿意度調查，瞭解員工對溝通機制的看法和建議，並據此制定改進計畫。這樣，公司才能夠不斷優化溝通方式，確保其持續有效。

## ⊙提供富建設性的反饋

Ashford 與 Cummings 兩位學者認為員工會超越組織的正式管道，並從多個不同的來源尋求回饋，以了解他人對自己的評價。與其單純等待主管定期的回饋，員工更期待透過主動的方式要求獲得與其工作相關的行為和績效的回饋資訊。根據 2015 年 Anseel 及其團隊的研究結果發現，回饋對員工的工作績效、創造力、工作滿意度，及降低員工的離職意願均具有正向的影響。

回饋的目的在幫助員工成長，因此，建設性的回饋對員工至關重要。一家軟體開發公司實施了即時回饋制度，鼓勵主管和同事在日常工作中隨時給予回饋，無論是表揚還是建議，回饋都必須具體且具有建設性。這種即時回饋方式，不僅讓員工能夠即時調整自己的工作方式，還能幫助他們更快地適應工作要求，提升工作效率。公司鼓勵同事之間互相提供即時回饋，無論是在正式會議上還是非正式的交流中，大家都能夠開誠布公地交流意見。一名員工在團隊討論中提出了一個新的設計方案，但在實施過程

中遇到了困難，同事們立即給予了具體的建議和幫助，最終成功解決了問題，並使設計方案更加完善。

這種即時回饋的制度讓整個團隊的工作效率得到顯著的提升。每當問題出現時，員工總是能夠迅速得到具體的建議和指導，避免了錯誤的累積和拖延。員工們表示這種即時的回饋方式不僅讓他們感受到來自同事和主管的協助，更讓他們在工作中有更高的自信和效能。

公司一名資深開發人員就分享了自己的經驗：「過去我們在遇到問題經常需要等到週會才能得到回饋，有時候問題會拖延一週，甚至更久。現在，有了即時回饋制度，我們能夠立即得到幫助，這對於解決問題和提升工作效率非常有幫助。」這種即時回饋的文化也促進了團隊的合作和溝通。員工們更願意主動尋求幫助和提供建議，這使得團隊的合作更加緊密，整體工作氛圍也更加積極和融洽。

## ⊙維護開放溝通的企業文化

建立開放溝通文化是確保回饋機制長期有效的重要保障。公司應該定期進行員工滿意度調查，瞭解員工對公司的看法和建議，並根據調查結果進行改進。一家位於高雄的製造業公司，每半年會進行一次員工意見調查，這些調查結果不僅僅是用來評估員工對公司政策和工作環境的看法，更是管理階層決策的重要參考。這家公司深知，只有透過持續的開放溝通，才能真正瞭解員工的需求，並即時做出相應的改進。

這家企業的員工意見調查涵蓋了工作環境、管理階層表現、職涯發展機會、薪酬福利等多個方面。每次調查前，公司會舉辦專案會議，邀請各部門代表參與，以確保調查的題目能夠真實含括員工關心的議題。在調查過程中，問卷乃是匿名提交，以確保員工能夠自由地表達自己的意見和建議。調查完成之後，公司會迅速整理和分析結果，並召集會議討論調查發現與如何改善，然後會在內部發布本次的調查結果報告。這份報告除了結果數據外也包含了具體的改進建議和行動計畫。管理階層會根據這些建議，制定具體的改進措施，並設立專門小組負責跟催落實的進度與成效。

在一次調查中，很多員工反映工廠內的通風和照明存在問題，影響了他們的工作效率和舒適度。管理階層立即採取行動，對工廠進行了全面的設備升級，改善了通風系統和照明條件。這些改進措施不僅提升了員工的工作環境，還顯著提高了生產效率。調查中還發現員工對職涯發展機會的需求，公司因此增加了內部培訓專案，並與外部培訓機構合作，提供更多的學習和成長機會。

員工對這些改進措施表示了高度的滿意，他們感受到公司對他們意見的重視，並且看到自己的建議得到了實際的回應。一位員工在公司的內部論壇上留言「公司的員工意見調查真的在發揮作用，我們的建議被聽到了，工作環境變得更好了，感覺自己的工作更有價值」。像這樣持續的開放溝通文化，透過定期的員工意見調查和持續的改進措施，公司能夠即時瞭解和解決員工的需求，進而提升員工的滿意度和敬業度。高雄這家企業的成

功經驗顯示，開放溝通文化不僅能夠促進問題的即時解決，還能增強員工對公司的信任和歸屬感。

有效的回饋機制，是企業提升員工體驗和競爭力的關鍵。透過定期回饋、雙向溝通、建設性的回饋，企業可以幫助員工瞭解自己的現狀並規劃未來，進而提升整體工作效率和員工滿意度。持續的開放溝通文化，是確保回饋機制長期有效的重要保障，只有不斷改進和完善回饋機制，企業才能在競爭激烈的市場中立於不敗之地。

在目前的職場中，**主管的角色不僅僅是管理和監督而已，更是部屬的教練和導師**。有效的教練不僅能提升員工的技能和表現，還能激發他們的潛能，促進他們的成長。因此，如何透過學習教練技巧，幫助部屬在工作中持續成長，將是主管未來最重要的任務之一。

教練型主管的角色是幫助員工激發潛力、克服挑戰，並實現職涯目標。這種教練方式不僅能夠提升員工的工作表現和滿意度，還能促進團隊成長和企業發展，本文中將進一步探討教練的核心概念，並詳細介紹主管如何透過教練技巧來協助部屬持續成長。

## 何謂「教練」

教練（Coaching）是一種透過啟發和指導來幫助個人達到最佳表現的過程。全球最大的教練組織 — 國際教練聯盟（International Coaching

Federation, ICF）定義「教練」為與客戶（clients）合作共同進行發人深省且富有創意的過程，激勵客戶最大限度地發揮個人和專業潛力。透過教練的過程經常能夠激發客戶過去未曾展現出的想像力、生產力和領導力。

由此可見這與傳統的管理方法不同，教練更注重個人的潛力開發，而非僅關注任務的完成。教練強調的是互動和協助，透過提問來幫助部屬自己找到解決方案。教練的基本原則是基於相互尊重和信任，主管應該尊重部屬的意見和選擇，創造開放和安全的溝通環境，需要具備良好的傾聽能力，理解部屬的需求、目標和挑戰，並給予適時的協助，鼓勵部屬進行反思，幫助他們更認識自己。同時幫助部屬設定具體、可衡量的目標，並制定達成這些目標的行動計畫。

⊙建立信任基礎

建立信任關係是教練成功的基礎。主管應該透過真誠的互動和協助來建立與部屬的信任關係，包括主動關心部屬的工作和生活，尊重他們的意見，並在需要時提供協助，幫助部屬設定明確的職涯目標，並制定實現行動計畫。例如，主管可以與部屬一起討論部屬的長期發展目標，然後設定階段性目標並幫助部屬逐步達成。

⊙提供持續回饋

持續的回饋是教練過程中的重要環節。主管應該定期對部屬進行回饋，討論他們的工作表現，並給予建設性的建議和鼓勵。回饋應該是具體

且可操作的，幫助部屬清楚瞭解他們需要改進的地方以及如何改進，這些主管的回饋，不僅能幫助部屬持續改進，還能進一步促進團隊的成長。

## ⊙鼓勵自我反思

教練型主管應該鼓勵部屬進行自我反思，幫助他們認識自己的優勢和不足。主管可以透過提問來啟發部屬的思考，幫助他們自己找出解決方案。例如，主管可以問「你認為這個專案中最大的挑戰是什麼？」或「你覺得有哪些地方可以做得更好？」。有一家零售公司鼓勵員工進行自我反思，幫助他們認識自己的優勢和不足。公司會定期請員工進行自我評估，然後主管與員工一起討論自評內容。這種反思的過程不僅幫助員工更瞭解自己，還有可能促進員工的職涯發展。

## ⊙提供學習發展的機會

教練型主管應該幫助部屬找到適合他們的學習和發展機會，並提供必要的協助。例如，主管可以推薦相關的培訓課程、書籍或資源，幫助部屬提升他們的技能和知識。有一家公司就是透過提供豐富的學習發展機會，幫助員工提升專業知識和技能，除了推動教練型領導之外，也設立了內部培訓課程，並鼓勵員工進行外訓。這些學習發展的機會不僅提升了員工的專業能力，還促進了員工的職涯發展。

### ⊙建立開放的溝通環境

建立一個開放的溝通環境，讓員工感到他們可以自由地表達意見和想法，是教練型主管成功的關鍵，主管應該鼓勵員工積極參與討論，並重視他們的意見。HBO 公司即是透過建立開放的溝通環境，促進了員工與主管之間的信任。公司定期舉行全體員工會議，鼓勵員工積極參與並表達他們的想法，這種開放的溝通文化不僅提升了員工的滿意度，還促進了公司內部的創新。

教練型主管在現代企業中扮演著重要的角色，他們不僅是管理者，也是員工的導師。透過建立信任關係、設定具體目標、提供持續回饋和學習機會，並利用技術工具和建立開放的溝通環境，主管可以有效地協助部屬，促進個人成長發展並幫助他們實現職涯目標。教練概念應用的成功推動，不僅能夠提升員工的工作滿意度和敬業度，還能促進團隊合作和創新，進而提升企業的整體競爭力。

第二章 | **實踐** 全方位實現員工選用育留

## 04. 留任與關懷：營造長期的歸屬感

新世代的員工不再僅尋求一份穩定的工作，而是尋求一種能夠實現個人理想和職涯發展。公司如何創造一個環境，讓工作不僅是謀生的手段，而是實現個人潛能和夢想的舞台。企業如何透過提供多元的發展機會，以及建立協助性的工作環境，幫助員工在追求公司目標的同時，也能實現個人的理想。

### 在工作中實現個人夢想

在追求職涯發展的同時實現個人夢想，對許多員工來說是非常具有吸引力的。一家國際顧問公司深刻理解這一點，並透過創立鼓勵員工追求他們的職涯夢想的工作環境，不僅提升員工的留任率，也增強了公司的創新能力和市場競爭力。該公司鼓勵員工自由提交創新的提案，這些提案涵蓋了從新產品開發到業務流程改進等方面，一旦提案被批准，員工可以獲得必要的資源，包括資金、技術協助以即時間安排，實現他們的創新專案。

例如，該公司有一位李小姐是資深市場分析師，她對數據分析擁有深厚的熱情和獨到的見解，她曾經提出開發一個可預測市場趨勢的新演算法

專案,該提案獲得公司的核准後,不僅讓她有機會在專業領域深化自己的技能,還實現了她長期以來的夢想－建立一款可以改變產業遊戲規則的產品。李小姐不僅成功開發了這個演算法,還幫助公司開展出新的業務領域,創造了額外的營業收入。她的成功案例被公司廣泛宣傳,激勵了更多員工積極參與許多的創新活動中。

當公司協助員工追求他們的個人夢想時,不僅可以幫助員工個人成長,還可以帶來業務的多樣化和成長性,這種人才管理策略不僅注重業務的短期利益,更著眼於透過激發員工潛能來實現長期的組織發展。為了讓工作成為實現個人夢想的平台,企業需要投入資源來塑造正向的企業文化,提供員工持續成長的機會,並建立一個能協助員工發展的工作環境。

總之,工作與生活平衡已經成為現代職場的重要議題之一,尤其對於那些尋求持續成長和減少員工流失的中小企業而言尤為重要。接下來將深入探討企業如何透過彈性工作安排、增強員工健康與福利、提供家庭友善政策以及促進友善職場文化,以有效的平衡員工的職涯發展和家庭生活,進而達到提升員工滿意度和工作效率的目的。

## ⊙塑造創新的文化

為了促進創新的企業文化,有一家公司特別設立了「創新實驗室」。這個平台不僅為員工提供了必要的資源,如資金、時間和技術支援,來試驗和測試他們的創新想法,還鼓勵員工將這些創新想法轉化為實際的產品

或服務。

另外有一家公司鼓勵每位員工每季至少提交一個創新提案，無論是產品改進、技術創新還是內部流程創新。公司並設立了委員會來評估提案的可行性和潛在影響，被選中的專案將獲得特別預算，並納入員工的個人發展計畫。其中一個成功的例子，就是一位軟體工程師提出的自動化測試工具，這個工具不僅提高產品開發的效率，還降低了產品瑕疵率。該工程師因此獲得了公司頒發的「創新英雄獎」，這不僅提升了其在工作上的發展，也激勵了其他員工積極參與創新活動。

透過持續鼓勵和實際的協助，企業成功地創造每個人都能追求創新的環境。這不僅使企業保持競爭力，也大大提高了員工的投入度，因為他們看到自己的努力和創意能夠被肯定，並有效地影響公司的成長和成功。

## 彈性開放的工作環境

在台灣有一家新創科技公司，實施了一項創新的彈性工作制度，成功地提升了員工的工作生活平衡。該公司理解到不同員工有不同的家庭和生活需求，因此推出了彈性上下班時間及遠距工作的選項，讓員工可以根據個人情況調整工作模式。

李小姐是該公司的軟體開發工程師，同時也是兩個幼兒的母親。在公司實施彈性工作制度之前，她經常為了準時接送孩子而感受到壓力重重，

自從公司導入彈性工時和遠距工作選項後，李小姐可以選擇早上在家完成一些工作，上午稍晚再前往辦公室，下午則提早離開以接孩子放學，之後在家繼續工作。這樣的安排使她能夠更有彈性管理工作與家庭責任，減少時間壓力並提高工作效率。

該公司還設定特定的「遠距工作日」，在這些日子裡，所有員工都可以選擇在家工作。這不僅適用於需要照顧家庭的員工，也為所有員工提供了更大的工作彈性，增加工作滿意度。透過這種方式，公司成功地創造一種信任關係的自主管理文化，員工感受到公司對他們個人的尊重與生活的協助而更投入於工作。

為了確保彈性工作制度的成功，公司特別強調溝通的重要性。他們建立了一套有效的溝通管道和工作進度追蹤系統，以確保即使員工不在辦公室，團隊合作也能做到無縫接軌。公司管理階層對此制度的成效感到滿意，認為這不僅提高了員工的工作效率，也增強了員工的敬業度和公司的留才競爭力。

⊙ **健康與員工福利**

台北有一家軟體公司深知員工健康是企業營運的基礎，因此建立了一套全方位的健康保險計畫，計畫不僅涵蓋了基本的醫療保險，還包括了定期健康檢查和應對職業壓力的心理諮詢服務。為了進一步促進員工的身心健康，公司在辦公大樓內設置了一間設施完善的健身房提供員工免費使

用。此外,公司還定期邀請專業健身教練來教導瑜伽課程,這些課程安排在每週的工作日當中,並鼓勵員工在繁忙工作之餘關心自己的身體健康。

張小姐的工作是軟體工程師,她經常因在電腦前久坐而感到腰痠背痛。透過參加公司的瑜伽課程,她發現自己的身體有了明顯的改善,當她感到工作壓力大的時候,就會利用公司的 EAP(Employee Assistance Program)心理諮詢服務,專業諮商心理師能幫助她有效管理壓力,保持良好的工作效率。

這些健康和福利措施不僅提升了員工的工作滿意度,還顯著降低了因健康問題導致的缺勤率。該公司的管理階層發現,投資於員工的健康和福祉,實際上增加了企業的整體生產效率和競爭力,員工們感到公司真正關心他們的福祉,這增強了他們對公司的歸屬感。

## ⊙友善家庭策略

友善家庭政策是許多企業提高員工滿意度和敬業度的重要工具,在台灣就有一家中型製造商,推行靈活的育嬰假政策而成為其人力資源管理的一個亮點。企業允許新手父母根據自己的需求和家庭情況來靈活安排工作和休假時間,這種做法在業界中頗為罕見,但卻獲得了廣泛的正面回饋。

林先生是公司的一名工程師,他們夫妻即將迎接他們的第一個孩子。根據公司規定,林先生可以選擇在孩子出生前後安排他的休假日,並且公司提供最多六個月的部分工時工作安排,使他可以在工作和照顧新生兒之

間取得平衡。這樣的政策不僅讓林先生在家庭中得以扮演更積極的角色，也大大減輕了他的心理壓力。

此外，公司還設立了員工支援小組，為需要育嬰留職停薪的員工提供諮詢和資源轉介服務，包括如何有效安排工作與家庭時間、提供親子教育等資源。由於這家企業將友善家庭政策實施得如此徹底，結果證明成效卓著。員工的工作滿意度明顯提升，且有更多的員工在育嬰留職停薪後選擇重返工作崗位。

在友善家庭方面，友達光電於 2024 年推出員工安家生養照護方案，此方案在婚、生、養、教、陪等五方面均規劃全方位的制度措施，包括提供優於勞基法的 10 天婚假、10 週產假、有薪小兒住院／照顧假、子女初入學假、子女與父母的陪伴假等等。

培育一個支持性的職場文化是提升員工工作與生活平衡的核心策略之一。在新竹科學園區的一家科技公司，管理階層深刻理解到，員工的滿意度直接影響到工作表現和公司的整體氛圍。因此，這家公司投入資源建立一套全面的員工支持系統，以促進正向的工作文化。該公司定期進行員工滿意度調查，以收集員工對於工作環境、工作條件以及管理方式的回饋。這些調查通常包括匿名問卷，讓員工可以自由地表達他們的意見和擔憂，而不必擔心可能的負面後果。

除了定期的調查，公司還創設了一個名為「員工建言信箱」的平台，員工可以透過這個平台提出對工作流程或工作環境的改進建議。這個機制

不僅讓員工感覺到自己的心聲被聽到，也讓管理階層能夠即時獲得寶貴的第一手資料，用以改善公司運作。為了增強團隊精神和凝聚力，公司還定期舉辦員工聚餐和團隊建設活動。這些活動目的在打破部門之間的藩籬，促進跨部門的溝通和合作。例如，在一次團隊建設活動中，員工分成跨部門的小組，共同完成一系列的挑戰和任務，這不僅增進了彼此之間的瞭解，也增強了團隊合作的能力。

## 離職面談的重點

企業在營運的過程中，如何有效慰留即將離職的優秀員工，是考驗一家企業人力資源管理水準的重要環節。畢竟，員工流失不僅會造成知識和經驗的損失，還可能增加重新招募和培訓新員工的額外成本。接下來將探討企業和主管如何透過有效的溝通、職涯發展支持以及改善工作條件等措施，來慰留即將離職的員工。

### ⊙瞭解離職原因

當員工表達離職意向時，主管應該主動與其進行一對一的深入溝通，以瞭解其離職的具體原因。這些原因可能包含薪酬福利、職涯發展、工作環境或人際關係問題。只有真正理解了員工的離職動機，公司才能提出有效的解決方案。值得注意的是，根據有些調查顯示，「與主管關係不佳」

是員工離職的最普遍原因之一，甚至在部分調查中，主管問題比薪資還容易影響到員工去留。許多研究顯示，員工往往不是想要離開公司，而是不想與現在的主管共事而選擇離職。

曾經有一位表現優異的專案經理表達離職意向，公司高層立即安排會談，仔細詢問他的離職原因。透過坦誠的交流，公司瞭解這位專案經理感覺缺乏發展和晉升機會，這是他考慮離職的主因。管理階層迅速作出反應，提供一個新的職涯發展計畫，包括參加高階管理培訓和加入公司重要的專案團隊。這些新的機會，讓這位經理看到未來的成長契機，並重新激發他的工作熱情。最終，這位專案經理選擇留下，並在後來的幾年中取得顯著的工作成就與晉升。這個案例顯示，即時有效的溝通能在關鍵時刻幫助公司挽留優秀的員工。當管理階層能夠理解員工的需求和期望，並且願意做出相應的調整和改進時，很多潛在的離職問題是有機會得到解決的。

⊙ **運用慰留策略**

在考慮慰留時，應該綜合考慮員工的個人需求和公司的長期利益。每一次慰留都應該基於對企業文化的貢獻和員工個人職涯目標的協助，只有當慰留與公司的整體目標相符合時，才能真正達到雙贏的效果。

這些慰留方法有下列幾個步驟，以確保既能滿足員工的需求，又能促進公司長期發展。

**1. 分析員工流失原因**：可以透過員工滿意度調查和離職面談，深入分

析公司流失員工的原因，從中可能會發現，員工離職的主要原因包括缺乏職涯發展機會、工作壓力大以及薪酬福利缺乏競爭力等因素。

**2. 提供個人化發展計畫：**公司可以為每位員工制定個人化的職涯發展計畫，包括技能培訓、領導力發展和跨部門輪調機會。譬如說，後勤支援部門工作的員工如果對產品管理有興趣，公司可以安排他參加相關的培訓課程，並讓他參與產品開發專案，這樣就可以同時滿足員工的職涯發展需求和工作滿意度。

**3. 改善工作環境和福利：**針對員工工作壓力等問題，可以採取多項措施來改善工作環境，如導入彈性工作時間和遠距工作選項，讓員工能更好地平衡工作與生活，另外可增加心理健康協助服務，包括免費的心理諮商和壓力管理工作坊等。至於薪酬福利方面，則需要進行市場調查，確保薪酬水準在產業內具有競爭力，並可以考慮導入績效獎金和股票激勵計畫，讓員工能夠分享公司的發展成果。

**4. 建立開放的溝通管道：**為了增強員工的敬業度和歸屬感，公司應該建立多種開放的溝通管道，除了定期部門會議和全體員工大會之外，也可以設立意見回饋系統，讓員工能夠隨時表達意見和建議，高階主管也可以安排定期與員工面對面交流，瞭解他們的需求和困難，並即時提供協助。

## ⊙訓練面談技巧

離職面談的效果取決於面談者的談話技巧，企業應該提供主管面談技

巧訓練，以確保他們能夠有效引導對話、傾聽員工的意見、並給予適當的回應。良好的談話溝通技巧能夠幫助面談者建立信任關係，讓員工感受到被尊重的感覺。

我們曾經為一家科技公司的管理階層提供離職面談的溝通技巧訓練，內容包括如何提出開放式問題、如何有效傾聽、如何處理敏感話題等。透過這些面談技巧，面談者能更好地引導對話，獲取有價值的資訊。這種訓練的效果，顯著提升了離職面談的效果。

## ⊙ 進行開放式對話

在離職面談中，面談者應該採用開放式問題的提問方式，鼓勵員工表達自己的意見和感受，才能從中獲得更多的回饋資訊。開放式對話應該包括詢問員工離職的具體原因、對公司工作的整體評價、對管理階層和同事的看法等。

一家醫療用品連鎖機構在進行離職面談時，會鼓勵員工自由表達自己的想法和感受。面談者會提出一些開放式問題，例如「你在這裡工作的最大挑戰是什麼？」、「你是何時開始有離職的想法的？」、「你認為公司在哪些方面可以改進？」等。這種開放式對話讓員工感受到企業對其意見的重視，並且能夠獲得更多有價值的回饋資訊。

## ⊙ 保持中立和客觀

在離職面談中，面談者應該有同理心的深入傾聽並在心態上保持中立和客觀，不應該對員工的意見和感受作出評判或反駁。這樣可以讓員工感受到自己意見被尊重，進而更願意分享真實的想法和感受。面談者應該專注於傾聽和記錄，並在必要時進行澄清和總結。

我們在離職面談的訓練時，也會告知面談者要始終保持中立和客觀的態度，無論員工提出什麼樣的意見或批評，面談者都無須作出評判或反駁，而是專注於傾聽和記錄。這種中立和客觀的面談態度，才能讓員工感受到意見被尊重，進而更願意分享真實的想法和感受。

## ⊙ 保持良好的離職後關係

離職面談的另一個重要目標是維持員工離職後與公司的良好關係，讓離職員工感受到他們的貢獻被肯定，並且保持與離職員工的聯繫。這不僅有助於維護企業的良好雇主品牌和公司形象，還能夠在未來有機會重新聘用這些員工，或透過前員工獲取有價值的各種合作機會。

在員工離職的過程中，應該表達感激和尊重，以確保離職員工擁有正面的離職體驗。正面的離職體驗可以保持公司的聲譽，並且可能在未來讓離職員工再次回歸或成為公司的協助者。

## ⊙ 表達感激的重要性

表達感激之意是對離職員工貢獻的肯定。無論員工因為何種原因離

職，企業應該肯定他們在公司服務期間的努力和貢獻，並對其未來職涯發展的祝福。一家連鎖餐飲企業在每位員工離職時，會舉辦小型的離職感謝會。在會議上，公司的高層會感謝離職員工的貢獻，並致贈紀念品，因為這樣的做法，讓離職員工感受到公司的誠意和尊重。

## ⊙ 尊重離職員工的決定

尊重離職員工的決定，意味著企業應該理解並接受員工離職的原因，無論是個人原因還是職涯發展的需求，企業不應該對離職員工進行過多的干涉或施壓，而應尊重他們的選擇，並且給予他們必要的協助。

一家知名的科技公司在員工提出離職申請後，主管與人資部門便會著手安排一對一的面談，以了解員工的離職原因。無論員工因為職涯發展還是個人原因而離職，公司都會表示理解和尊重，並在離職過程中提供必要的協助。

以下是一些適用於離職一對一面談的有效問題，這些問題能幫助企業深入了解離職員工的真實想法，並為改善未來的員工體驗提供寶貴的資訊：

1. 離職原因與背景。
2. 是否願意分享促使你做出離職決定的主因？
3. 是什麼因素讓你覺得此時是離開公司的適當時機？
4. 對公司的建議或觀點，例如工作期間有哪些事物讓你感到最滿意或印象深刻？

5. 認為公司還有哪些方面可以做得更好，支持員工需求和目標？

6. 對團隊和管理的建議，例如對直屬主管的管理方式的建議或意見？

7. 團隊合作和溝通是否影響到你的工作體驗？有無改善建議？

8. 對自己個人職涯發展的看法，例如你覺得在此是否得到足夠的成長和發展機會？

9. 有哪些資源或支持是你覺得不夠或欠缺的？

10. 對新機會的期待，例如你願意分享自己對新工作的期待或目標嗎？

11. 有哪些是你希望在工作中能夠獲得，但在這裡卻無法提供的？

12. 有關未來合作的可能性，例如若有合適機會，你會考慮與公司保持重新合作的關係嗎？

13. 你會推薦其他人加入公司嗎？為什麼？

## ⊙ 提供積極的離職過渡協助

公司的離職過程協助，可以考慮幫助員工順利過渡到新的工作環境，並減少離職過程中的壓力和不安。企業可以提供相關指導、推薦信以及其他必要的資源，幫助離職員工在新的職場中取得成功。

一家大型的製造業在公司員工離職時，會提供一系列的過渡協助服務，包括職涯諮詢和撰寫推薦函。不僅幫助離職員工過渡到新工作，還提升了他們對公司的感激之情，讓他們在未來依然對公司保持良好的印象。

## 保持聯繫以維持友好關係

保持與離職員工的聯繫和關係，可以促進公司與離職員工之間的持續互動，這種聯繫不僅能夠為公司未來的招募提供潛在資源，還能夠讓離職員工成為公司在外部的協助者和代言人。

我們所熟知的一家國際顧問公司就設立有校友計畫，甚至定期舉辦離職員工聚會，也會透過電子郵件和離職員工保持聯繫，這些活動不僅讓離職員工感受到公司的重視，還促進了公司與離職員工之間的聯繫互動，讓他們在外部依然對公司保持良好的印象。

過去有些公司將員工離職視為一種背離公司的行為，並不考慮讓離職員工回到公司工作，甚至將此視為公司的潛規則。然而由於目前各企業在招募人才方面面臨相當程度的挑戰，因此許多公司會推行再僱用政策，並且鼓勵離職員工在合適的時機回到公司工作。一般來說，都會由曾經帶領過該同仁的主管及人資部門，定期與離職員工保持聯繫，並在有合適職位時優先考慮他們。這種做法不僅能夠保持與離職員工的關係，還能夠為公司未來的發展提供更多的即戰力人才。如何對待離職員工，尤其是那些有豐富經驗和績效優良的畢業校友，也成為企業一項重要的課題。

離職員工擁有許多在公司服務期間所累積的知識和經驗。透過保持聯絡，企業可能有機會向這些前員工徵詢其專業意見和建議，這對於解決公司遇到的技術難題或業務挑戰有相當的幫助。離職員工在新的工作環境中

可能會接觸到不同的業務機會和合作夥伴，保持聯絡可以幫助企業擴展商業網絡，獲得潛在的合作機會及新客戶。

因此，與離職員工保持良好的關係，能夠提升企業在員工和業界中的形象，可以展現企業重視員工，關心他們的職涯發展，進而吸引更多優秀人才加入公司。

⊙ 建立專門的校友網絡

公司可以建立專屬的畢業校友網絡，定期舉辦活動，邀請離職員工參加。這些活動可以包括技術研討會、社交聚會和年度晚宴。透過這些活動，公司不僅可以與前員工保持聯絡，還可以獲得許多來自不同領域的寶貴經驗和見解，為公司創新和發展提供協助。平常則可以透過電子郵件、社交媒體和專屬校友平台與公司離職員工保持聯絡。這些平台可以用來分享公司最新動態、產業資訊和職位機會。定期邀請離職員工來參加各類活動，不僅可以加強彼此的關係，還能促進知識和經驗交流。

⊙ 持續提供職涯協助

公司可以為離職員工持續提供職涯發展的協助，例如個人職涯諮詢和培訓機會，不僅能幫助離職員工提升職業技能，還能增強他們對公司的認同感。當公司內部或合作廠商有工作機會時，可以優先考慮推薦給離職員工，這種做法除了更快速解決人才招募問題外，也能幫助前員工找到好的職涯發展機會。

### ⊙保持透明與開放的溝通

公司可以請各部門主管或人資部門透過電子郵件、電話或社交媒體，與離職員工保持聯絡與溝通，關心他們的職涯發展情況和需求。公司還可以建立開放的溝通管道和平台，透過平台讓離職員工隨時能與公司聯繫，分享他們的近況與意見。這不僅能夠促進雙向溝通，增強離職員工對公司的好感，還能隨時了解離職員工的動態，並可能創造額外的商業機會。

我們輔導的一家醫療機構，對於每位離職員工都提供專業的離職輔導，確保他們能夠順利過渡到新的工作階段，組織內部還建立追蹤機制，定期了解離職員工的職涯發展情況，甚至提供必要的協助。

與離職的畢業校友保持聯絡，對於企業和離職員工都是一項雙贏的策略，這不僅能夠維持良好的關係，還能為企業帶來豐富的知識和經驗，擴展商業網絡，提升企業形象。透過建立離職的畢業校友網絡、定期舉辦活動、提供持續的職涯協助、保持透明和開放的溝通以及持續的追蹤，都可以讓企業有效維繫與離職員工的關係，以實現雙方長期的合作和未來關係的發展。

## 理論充電站

### • 馬斯洛需求階層理論

馬斯洛的需求層次理論（Maslow's Hierarchy of Needs）是由亞伯拉罕·馬斯洛（Abraham Maslow）於 1943 年提出的。該理論透過五個層次的需求模型來解釋人類的動機。根據馬斯洛的觀點，人們必須先滿足較低層次的需求，才能進逐步追求較高層次的需求。

此理論在心理學和管理學領域應用十分廣泛，對於幫助理解人類的行為與動機影響很大。其中這五個層次的需求分別是：

**1. 生理需求（Physiological Needs）**：生理是最基本的人類需求，涉及到維持繼續生存所需要的生理條件。馬斯洛認為如果這些需求未被滿足，個人的主要精力將集中於尋求生存條件，而無法關注更高層次的需求。生理需求主要包括：空氣、食物和水／睡眠和住所／衣服。

**2. 安全需求（Safety Needs）**：當生理需求得到滿足後，個人會去追求安全感，以避免潛在的危險，並確保長期的穩定，若個人無法獲得安全感時，可能會感到焦慮與壓力，進而影響生理與心理健康。安全需求主要包括：人身安全、身心健康、確保財產與資源。

**3. 愛與歸屬需求（Love and Belonging Needs）**：在滿足生理與安全需求後，人們會尋求社會關係與歸屬感。因為人際之間的互動與情感上的支持，對個人心理的健康影響很大，如果缺乏社會聯繫，人們可能會產生孤獨、被排斥的感受。愛與歸屬需求主要包括：親密關係與愛情、友誼與家庭關係、社群歸屬與團體認同。

**4. 自尊需求（Esteem Needs）**：當社會聯繫需求得到滿足後，個人會開始追求自尊與他人的認可。自尊需求來自兩個層面，包含來自外界的尊重，如社會地位、名聲與成就感；以及來自個人的自我尊重，如自信、獨立與個人成就感等等。當自尊需求未被滿足的時候，人們可能會感到無助、缺乏自信或覺得不受重視。自尊需求主要包括：事業成功與專業認可、個人成就與自我肯定、他人尊重與社會地位。

**5. 自我實現需求（Self-Actualization Needs）**：馬斯洛認為自我實現需求代表個人追求自我潛能的充分發揮，尋找人生的意義與成就。這種需求因人而異，並且是不斷持續的過程。馬斯洛也認為只有少數人能夠完全達到自我實現的層次，這些人通常具有高度的創造力、道德感、問題解決能力，並且對世界有相當深入的理解才能達到這個層次。

**對管理實務的影響**

馬斯洛需求層次理論在企業管理與人力資源管理中有廣泛的應用，幫助提升員工滿意度與工作動機：

（1）**滿足基本需求**：企業應確保員工獲得公平的薪資福利、舒適安全的工作環境，以滿足生理與安全需求。

（2）**促進社會網絡**：建立團隊合作、開放式溝通的工作氛圍與良好的企業文化，讓員工感覺在公司工作有歸屬感，並能滿足其愛與歸屬需求。

（3）**認可與激勵**：透過激勵制度、晉升機會與公開表揚來滿足員工的自尊需求，讓員工感受到自己的貢獻與假價值。

參

## 案例 ｜ 全球視角的實踐與探索

○ 台灣企業的典範學習
○ 亞洲職場的獨特魅力
○ 歐美企業的人才發展

第三章 | 案例 全球視角的實踐與探索

# 01. 台灣企業的典範學習

以下是台灣企業執行「員工體驗管理」值得大家學習的案例：

**台達電—強化溝通和參與，提高員工滿意度和敬業度**

員工體驗管理是一種以員工為中心的管理模式，目的在提高員工對企業的滿意度、敬業度和工作效率，促進企業的可持續發展和競爭力。透過創造良好的工作環境和企業文化，提高員工的工作熱情和幸福感，激勵員工的積極性和創造力，進而實現企業和員工的雙贏。員工是企業的核心資源，員工的工作態度和表現直接影響到企業的發展和競爭力。透過員工體驗管理，企業可以創造更好的工作體驗和價值，提高員工的工作滿意度和敬業度，並減少員工流失和離職率，增強企業的市場競爭力和品牌形象。

台達電是一家總部位於台灣的跨國企業，專注於電力電子、智慧製造、節能環保等領域的研發、生產和銷售。作為一家高科技企業，台達電一直注重 ESG、人才發展和管理創新，透過員工體驗管理理念的落實，以期實現企業的可持續發展和社會責任。本文將從台達電採用員工體驗管理的具體做法、成果分析和啟示建議三個方面進行探討。

⊙ **員工體驗管理的具體做法**

作為一家注重企業文化和人才發展的高科技企業，台達電採員工體驗管理的具體措施如下：

**1. 創造良好的工作環境：** 台達電透過創造良好的工作環境，提高員工的工作滿意度和健康水準。首先，在建設工廠和裝潢辦公室時，台達電注重人性化設計和環保節能，透過提供優質的空氣、光線和綠色植物等元素，創造舒適、安全、健康的工作環境。其次，在職場文化上，台達電重視多元文化和員工發展，鼓勵員工發揮創造力和自我實現，並提供多樣化的培訓和發展機會，目的是讓員工在工作中獲得成長和滿足。

**2. 提供貼心的福利和支援：** 台達電透過提供全面的福利和支援，關心員工的身心健康和家庭生活。首先，在薪酬福利方面，台達電實施公平、合理的薪資制度和福利方案，給予員工物質和精神上的保障。此外，在健康管理和安全保障方面，台達電提供完善的健康檢查、醫療保險等措施，保障員工的身心健康和工作安全。

**3. 強化溝通和參與：** 在企業文化和價值觀上，台達電注重員工參與和貢獻，鼓勵員工發表意見和建議，促進企業和員工的互動和共同成長。其次，在決策和管理思維方面，台達電實行開放式管理和自主決策，讓員工參與企業決策和改進措施。此外，台達電還建立了內部溝通平台和員工交流機制，目的是讓企業和同事之間保持密切聯繫和互動。

⊙員工體驗管理的成果和效益

　　1. 提高員工滿意度和敬業度：透過創造良好的工作環境、提供全面的福利和支援，以及強化溝通和參與，台達電提高了員工的滿意度和敬業度。員工對企業的認同感和歸屬感增強，不僅有助於保持穩定的人才梯隊，也有助於吸引更多優秀的人才加入台達電。

　　2. 提升企業形象和品牌價值：透過實施員工體驗管理，台達電營造了良好的企業形象和品牌價值。良好的企業形象和品牌價值可以提高企業的市場佔有率和商業價值。在激烈的市場競爭中，員工體驗管理是一個重要的差異化策略，可以讓公司在競爭中脫穎而出。

　　3. 推動企業發展和創新：透過員工體驗管理，台達電推動了企業發展和創新。在良好的工作環境和支援下，員工積極探索和創新，提出了許多實用的建議和新方案，並促進了企業的創新。

⊙員工體驗管理的啟發

　　員工體驗管理是一種以員工為中心的管理方式，目的在提高員工的工作滿意度和敬業度。在台達電的實踐中，員工體驗管理已經成為一個重要的管理策略。透過創造良好的工作環境、提供全面的福利和支援，以及強化溝通和參與，目的為提升企業形象和品牌價值。

　　對於其他企業而言，員工體驗管理也是一個非常值得借鏡和應用的管理策略。在實施員工體驗管理的過程中，企業重視員工的感受和需求，提

供多元化的工作經驗和發展機會，建立開放性的溝通和參與機制，讓員工感受到企業的關懷和支持，促進企業發展和創新。

然而，實施員工體驗管理也需要企業具備相對的條件和能力。首先，企業需要具備高度的管理水準和文化素質，能夠真正實現以人為本的管理理念和實踐。其次，企業需要有足夠的資源和支持，包括財務、技術和人力資源等方面，能夠提供員工多元化的工作經驗和發展機會。最後，企業需要建立有效的溝通機制，真正聽取員工的聲音和建言，促進企業的發展和創新。

員工體驗管理是一種**以員工為中心的管理方式，透過創造良好的工作環境、提供全面的福利和支援，以及強化溝通和參與，以期提高員工的滿意度和敬業度。**在台達電的實踐中，員工體驗管理已經成為一個重要的管理策略，獲得了良好的成果。對於其他企業而言，員工體驗管理也是一個值得借鏡和應用的管理策略。

## 王品集團─讓「敢拼，能賺，愛玩」變成團隊 DNA

王品集團創立於 1993 年，以王品牛排餐廳為第一個餐飲品牌開始，歷經 30 年持續的發展，已經發展為超過 30 個餐飲品牌，店數超過 400 家以上的上市跨國餐飲集團，其餐飲品牌的品類相當多元，包含中式、西式、日式、韓式、火鍋、燒肉等料理，是台灣最具代表性的大型餐飲集團之一。

王品集團從創立開始，創辦人戴勝益先生就非常重視員工福祉，並持續落實「顧客是恩人」、「同仁是家人」、「廠商是貴人」的經營理念，尤其在同仁是家人方面，王品集團認為有快樂的同仁，才有滿意的顧客，因此王品集團長期以來秉持以人為本的信念打造優質的員工體驗，將同仁當作家人一般重視，並制定許多塑造優秀企業文化的制度，讓同仁對王品有高度的認同度與向心力，以凝聚成為一個優秀的營運團隊，創造出卓越的經營成果。王品集團對於打造卓越企業文化的優質員工體驗，每年都投入大量的人力，心力與財力，並且將「敢拼，能賺，愛玩」視為王品同仁的 DNA。其具體的作法說明如下：

## ⊙王品憲法

　　就如同憲法是國家的根本大法，王品集團也有屬於企業的「王品憲法」來規範企業營運的基本理念，其中最具代表性的條款有「百元條款」與「非親條款」等規定。「百元條款」的規定是任何人均不得接受廠商 100 元以上的好處。觸犯此天條者，唯一開除。為了樹立誠信正直的企業精神，王品對於貪瀆事件非常重視，並且規定只要接受廠商的好處達新台幣 100 元以上將一律開除，此條款帶來的好處是跟王品集團做生意並不需要吃飯喝酒應酬，王品集團的員工也更能從專業角度出發去評估廠商的能力，而不需要花力氣去交際應酬，有利於建立誠信正直的企業文化。

　　「非親條款」則是規定中高階主管的親戚禁止進入公司任職，目的是

為杜絕企業派系所造成內部勾心鬥角而磨耗企業戰力的缺點。此條款的目的與優點是讓主管同仁們在企業工作時，不用花心思去考慮組織政治的派系問題，而能專注於從專業與企業的角度出發，因為大家都是王品人，而非誰的人馬。近年來因為企業規模越來越大，而且面臨少子化與缺工問題，因此非親條款的規定只適用於主管層級以上，但是此規定在樹立企業文化上的確可帶來許多正向的員工體驗。

## ⊙一家人主義

王品集團的一家人主義源自於企業經營理念的「同仁是家人」，在落實一家人主義方面，強調如何透過各種制度措施，讓同仁能夠安心的在王品工作，包括家人生活圈（Facebook）讓全體同仁們了解公司的最新動態與發展，以促進公司與同仁之間的溝通。此外，為了關心所有同仁個人與家庭，也建立系統及專責部門管理，所有門店與總部部門的同仁遇有個人或家庭特殊事件，主管都有責任回報，各品牌與總部高階主管也會視事件內容親自關懷；此外，由於營運現場十分繁忙，若有孕婦同仁，王品也會給予特別的關心與休息時間，讓同仁得到更充分的休息。

另外，王品針對所有店長主廚以上的幹部，每年都會舉行家族大會，邀請所有主管的家人來參加盛會，讓家人更認識王品與主管群，每年的舉辦場地不同，不管是飯店或樂園經常包場舉行，足見王品對一家人主義的重視程度。

第三章｜案例　全球視角的實踐與探索

⊙ 海豚哲學

　　許多企業對於激勵獎金的做法多半是一年結算一次，平時則是領取固定的薪資，比較重視即時獎勵的企業大多也只能做到半年結算，最多做到季獎金的頻率。而王品長期以來效法海洋公園海豚表演即時獎勵的概念，以每個月為頻率結算各門店績效表現發放績效獎金，讓同仁能即時享受每個月辛苦打拚的成果。

⊙ 幸福滿滿的暖心職場

　　重視員工福利，福利項目也十分多元，除了一般公司有的法定福利與三節福利之外，王品還投入大量的資源提供同仁國外旅遊福利，來落實「遊百國、嚐百店、登百岳」其中「遊百國」增廣見聞的企業文化。此外，為了提升同仁的向心力與認同感，王品集團從2013年起規劃持股信託制度，讓同仁不但是員工同時也是股東，而且2021年宣布同仁持股信託的公司提撥率為150%，充分顯示王品提升福利照顧同仁的決心。

⊙ 提倡運動的健康職場

　　由於餐飲業的從業人員採排班制，上班與用餐時間有時無法固定，因而經常衍生肥胖等健康問題，王品為了鼓勵員工注重健康，長期推動日行萬步的活動，讓同仁養成運動習慣；此外也規劃王品新鐵人活動，每年公司都會舉辦登玉山、鐵騎貫寶島（西貫）、參加泳渡日月潭（或半程馬拉

松）等活動，因而產生許多王品鐵人；近期王品甚至提升挑戰的難度，建立王品超三鐵的新三項活動，項目包括聖母峰基地營（EBC）健行、全程馬拉松、鐵騎貫寶島（東貫）。綜上所述，王品是不折不扣的運動企業，也讓同仁保持健康的體魄。

### ⊙ 看見未來的職涯發展

王品在台灣就有超過 20 個餐飲品牌，在持續展店與開創新品牌的政策下，王品的同仁有許多學習發展的機會，無論加入哪一個品牌，都有清楚的職涯地圖，以及職涯歷練的機會，甚至可以在不同品牌得到歷練，或是參與新品牌創立的歷程。

### ⊙ 雇主品牌

雇主品牌是企業的雇主形象，形象好的企業則會吸引更多的好人才加入，公司績效表現也會更好。王品集團在每年《Cheers》雜誌年輕人最嚮往的企業調查中長期保持在前 20 名，王品集團甚至在 2012～2014 年擠下許多知名全球企業品牌連續三年奪得第一名，因此王品有更多機會吸引優質的餐飲人才加入公司。

總而言之，王品集團創立迄今已經 30 年，由於其優質的企業文化、穩定良好的公司績效，已擠身台灣餐飲業的標竿餐飲集團，也讓許多希望加入餐飲業的年輕潛力人才選擇加入王品，透過王品綿密且用心的堅持，

王品的員工體驗管理十分成功,也值得許多企業效法學習。

## 歐德傢俱集團—「尊重個人、重視貢獻」為核心價值

成立於 1992 年的歐德傢俱,以專業設計與生產高品質家具起家,逐漸成為台灣家具產業的領先品牌。面對日益激烈的市場競爭,歐德傢俱意識到,僅靠產品的品質與價格已不足以持續保持競爭優勢。為此,公司在堅持創新產品的同時,也將「員工體驗」視為提升企業競爭力的重要策略,從文化、薪酬、培訓到多元化實踐,全方位投入打造「幸福企業」。員工是企業最重要的資產,良好的員工體驗不僅能提高滿意度與忠誠度,更能間接改善客戶服務品質和公司績效。因此,公司以「尊重個人、重視貢獻」為核心價值,致力於建立一個包容、關懷且重視員工成長的職場環境。

⊙多元包容的企業文化

歐德傢俱在企業文化上強調開放性與包容性,致力於讓每位員工感受到被尊重和重視。無論是新進員工還是在職多年的資深員工,公司都透過各種措施營造歸屬感。例如,在新進員工報到後,公司會安排完善的新人培訓,包括公司文化介紹、部門導覽以及學長姐的實務帶領,幫助新人迅速融入團隊。同時,公司透過主管的走動式管理,由高層經常與員工面對面交流,以傾聽員工意見並展現對他們的重視。

此外，歐德傢俱重視多元化與包容性，不僅在招募時不限應徵者的學經歷背景，還針對不同需求提供適合的職涯規劃。無論是室內設計畢業生，還是跨領域轉職者，都能在公司內找到適合的發展機會。這種多元化的招募與內部輪調政策，讓更多人才能在歐德傢俱發揮潛力。

## ⊙重視員工回饋與關懷

歐德傢俱定期進行員工滿意度調查，涵蓋問卷調查和面談機制，深入了解員工的需求與挑戰。公司將這些回饋視為提升內部管理的重要依據，對於員工提出的建議，管理層會積極回應並提供相應支持。

在關懷層面，歐德傢俱特別注重員工的身心健康，例如提供每年健康檢查、疫苗接種，以及突發疫情時的額外防護措施。此外，公司還對員工家屬展開關懷，如發放育兒津貼、子女教育補助等，讓員工感受到公司對其家庭的支持。

## ⊙完善的薪酬、福利制度

薪酬與福利是提升員工滿意度的重要基石。歐德傢俱提供高於業界平均的薪資水準，並設有多種獎金制度，包括年度績效獎金、歐德之星獎勵，以及專案獎金等。此外，公司每年舉辦員工國內外旅遊，足跡遍及歐洲、亞洲、美洲，讓員工在工作之餘能拓展視野、放鬆身心。

公司還注重員工福利，例如免費供應咖啡、茶水、點心等，甚至因應

特殊時期提供額外關懷措施。例如，疫情期間安排員工接種流感疫苗，展現了公司對員工健康的高度重視。

### ⊙員工培訓與職涯發展

歐德傢俱致力於打造完善的培訓體系，幫助員工不斷成長。針對新進員工，公司設有系統化的新人培訓，包括設計技能、客戶溝通、門市操作等課程，讓新人快速上手。對於資深員工，公司則提供進階培訓與外部進修機會，鼓勵他們在專業領域持續精進。

公司強調內部輪調與跨部門發展，幫助員工在多元職位中累積經驗，提升未來晉升的可能性。例如，公司設有「儲備幹部計畫」，針對具有高潛力的員工進行專案訓練與主管分享，為未來的管理職位培育人才。

### ⊙關懷離職員工與再次聯繫

歐德傢俱對於離職員工也表現出高度的關懷，這一點在業界頗具特色。公司會在離職前進行詳細的面談，了解員工選擇離職的原因，並在離職後的數月內保持聯繫。這種延續性的關懷不僅有助於維繫與優秀員工的關係，還提升了企業文化的外部口碑。

例如，有些員工在外部歷練後選擇重回歐德傢俱，這種「回流人才」的現象證明了公司在員工體驗管理上的成功。

## ⊙對外形象與社會責任

歐德傢俱不僅在內部員工體驗上表現卓越,也積極履行企業社會責任。公司自2005年啟動「百閱計畫」,為偏鄉學校建立圖書館並募集圖書,提升教育資源。此外,每年舉辦的「耶誕送禮」活動,透過募集禮物支持弱勢兒童,展現了公司「取之於社會、用之於社會」的理念。

歐德傢俱的員工體驗管理充分體現了一個成功企業如何將人性關懷融入日常運營。從文化建設、薪酬福利到培訓發展,歐德傢俱全方位提升員工的滿意度與歸屬感,最終形成內部穩定、外部信任的良性循環。

憑藉這些優渥的福利與人性化的管理,歐德傢俱獲得了《1111人力銀行》舉辦的《2019幸福企業大賞》「設計裝修類」最佳幸福企業獎,成為上班族與網友心目中最具幸福感的企業之一。公司主張健康、環保、無毒的綠建材理念,並以員工為核心,提供具競爭力的薪酬與完善的福利措施,讓員工能夠在安心的環境中發揮所長,共同成長。這些實踐不僅幫助公司在競爭激烈的家具市場中穩步成長,也為其他企業提供了寶貴的參考範例。歐德傢俱的故事告訴我們,注重員工體驗,是打造幸福企業與卓越績效的關鍵。

第三章｜案例 全球視角的實踐與探索

## 02. 亞洲職場的獨特魅力

以下是亞洲知名企業成功執行「員工體驗管理」的研究個案：

**京都陶瓷─以「讓人感到幸福」作為經營理念**

京都陶瓷（Kyocera，京瓷）創立於1959年，由被譽為日本經營之聖的稻盛和夫一手打造，最初專注於高性能精密陶瓷的製造，隨著業務不斷擴展，逐漸發展成為涵蓋電子元件、半導體、工業陶瓷、通訊設備、辦公設備與環保能源技術的全球企業。

京瓷的成功不僅來自卓越的產品與技術創新，更根源於其強調人本管理的企業文化。稻盛和夫提出的「敬天愛人」哲學與「阿米巴經營」模式，以員工為核心，營造幸福感，透過「讓員工幸福」來提升企業競爭力，進而實現「企業與社會共好」的目標。

⊙ **員工體驗管理的核心做法**

**1. 人才招募與培育：**打造專業且充滿歸屬感的團隊。

京瓷深知人才密度是企業成長的關鍵，因此在人才招募與培育方面採

取系統性策略，透過網路招募、校園徵才、內部推薦與產學合作等方式吸引優秀人才，並鼓勵跨領域專業人士加入，例如從電子、材料科學、機械工程等不同領域的人才進入公司，促進技術創新與跨部門協作。

新進員工進入公司後，需接受完整的產品知識、企業文化、職場技能訓練，並有資深員工作為導師陪伴適應環境。京瓷提供內部培訓、技術研討會、海外進修機會，並與各大學及研究機構合作，確保員工的專業知識與市場需求接軌。公司有建立「職涯發展地圖」，提供技術路線與管理路線兩種晉升通道，讓員工依據個人興趣選擇發展方向，達成個人成長與企業目標的雙贏。

**2. 公平透明的薪酬與福利**：激勵員工全力以赴。

為了營造幸福的工作環境，京瓷採取高度透明的薪酬制度，確保員工感受到公平與激勵。京瓷採用「績效導向」的薪資制度，根據貢獻、技能、創新成果評估薪資，確保績效優異的員工能獲得應有的回報。除了固定薪資外，公司依據年度業績表現發放獎金與分紅，讓員工共享企業成長的成果。公司建立有完整健康保險，彈性工時與遠距工作選項，讓員工能平衡工作與生活，同時有子女教育補助與托育支援，減輕員工家庭負擔。

**3. 企業文化建設**：落實「讓人感到幸福」的價值。

京瓷的企業文化以敬天愛人為核心，並透過開放透明的溝通方式、團隊合作精神來強化員工的凝聚力與認同感。高層與員工之間保持開放對話，透過定期座談、內部論壇，讓員工能夠自由表達想法與意見。公司採

取阿米巴經營模式，將公司劃分為小型自治單位（阿米巴），讓員工擁有更多自主決策權，提高責任感與歸屬感。鼓勵員工提出創新提案，優秀創意將獲得獎勵，甚至有機會主導新專案的執行。

**4. 產品與社會責任結合**：提升員工的使命感。

京瓷不僅關注企業獲利，更強調產品的社會價值，這使員工在工作中獲得更強的使命感。在環保與永續發展方面，研發環保陶瓷技術，減少工業生產對環境的影響；節能太陽能電池與儲能技術，推動再生能源發展，減少碳排放；低鉛陶瓷與無毒製程，確保產品對消費者與環境無害。在公益與社會關懷方面更積極推動「社區陶藝教學計畫」，鼓勵員工參與公益活動，提升團隊凝聚力，支持貧困地區學童教育，提供獎學金與學習資源。

**5. 工作環境與員工關懷**：讓員工快樂工作。

京瓷深知優質的工作環境能夠提升員工的幸福感，因此在辦公設施與員工關懷方面投入大量資源，打造低碳綠建築，並設有健康餐廳、健身中心、員工休憩空間。提供員工心理諮詢服務、壓力管理課程，確保員工在工作中保持身心平衡。京瓷強調「員工是工作的主人」，鼓勵員工自行管理時間、發展個人興趣，增強對工作的投入感。

## ⊙員工體驗管理的成果與影響

京瓷成功建立以員工幸福為核心的企業文化，帶來了顯著的成果：

**1. 員工滿意度提升**：內部調查顯示，員工對公司的忠誠度與工作滿意

度明顯提升，離職率大幅下降。

**2. 創新能力提升**：自由開放的企業文化激發員工創意，催生多項突破性技術，例如 5G 通訊陶瓷元件、超耐磨工業刀具、新一代太陽能模組等。

**3. 企業競爭力增強**：員工敬業度提高後，生產效率與品質穩定性提高，使京瓷在電子、半導體、醫療、能源領域維持競爭優勢。

京瓷的案例顯示，員工體驗管理不僅是人資策略，更是企業競爭力的重要基石。透過完善的人才培育、公平薪酬、創新文化與社會責任實踐，企業能夠提升員工滿意度、激發創新動能，進而推動企業長期發展。企業若能效法京瓷的精神，打造幸福感與使命感兼具的員工體驗，將能夠在全球競爭中脫穎而出，邁向可持續發展的未來。

## Grab 載客平台—努力提升團隊工作的滿意度

Grab 成立於 2012 年，總部位於新加坡，起初是一家專注於網約車服務的科技公司，致力於提升東南亞地區的交通便利性與安全性。隨著業務的不斷拓展，Grab 不僅提供乘客和司機的配對服務，還涉足外送、數位支付、金融服務等領域，成為東南亞最具影響力的超級應用程式平台。

Grab 的成功不僅仰賴技術創新與市場策略，而是奠基於以人為本的企業文化，並強調員工體驗管理，確保企業內外部的每位成員，包括公司員工、司機、合作夥伴和用戶，都能享有良好的體驗。透過以下措施，Grab

## 第三章 | 案例 全球視角的實踐與探索

積極打造一個激勵人心、尊重個人價值、促進專業成長的工作環境，讓員工與公司共同成長。

### ⊙ Grab 的員工體驗管理策略

**1. 公平與具競爭力的薪酬與福利**：薪資與福利制度是員工滿意度的重要因素，Grab 深知薪酬制度的公平性與競爭力會影響員工的留任率，因此透過定期進行市場薪資調查，確保員工的薪酬水準符合產業標準，並提供績效獎金、股票選擇權與年度調薪。提供全方位健康保險，支援員工照顧家人，提升工作與生活平衡，為有子女的員工提供額外支持，減少家庭負擔。公司根據職務需求，提供遠端工作選項與彈性工時，協助員工提升生產力並兼顧個人生活。

**2. 友善與安全的工作環境**：Grab 強調安全、健康與舒適的工作環境，確保所有員工能夠在良好的氛圍下發揮最佳表現。提供現代化工作空間、先進辦公設備、智能會議室、休息區與咖啡吧，打造高效且放鬆的工作環境。公司為駕駛夥伴提供行車保險、事故應對機制與緊急支援，確保工作安全。同時，透過 AI 監控與反詐欺系統，即時處理司機與乘客之間的糾紛，建立良好乘車體驗。提供免費健身房會員，鼓勵員工維持健康的生活方式及心理健康支援計畫，提供員工諮詢服務，減輕壓力與焦慮。

**3. 專業培訓與職涯發展**：Grab 將員工的學習與成長視為企業成功的關鍵，透過完善的培訓計畫，確保員工持續進步。公司規劃有入職培訓，

幫助新員工快速熟悉公司文化、內部系統與工作流程，確保順利融入團隊。公司規劃資料分析、AI、商業策略等專業課程，提升員工競爭力，並鼓勵內部轉調與跨部門學習，使員工能夠嘗試不同職務，拓展職涯發展機會。同時也非常重視領導力訓練，設有高潛力人才計畫（Grab Future Leaders），培育未來管理人才，及高階主管導師計畫，資深管理者親自指導年輕員工，幫助其快速成長。

**4. 開放透明的企業文化**：Grab 的文化建立在開放溝通、信任與團隊合作的基礎上，希望每位員工都能發揮創意影響決策，推行內部透明政策，透過「Grab Way」文化手冊，清楚說明公司的價值觀與期望，讓每位員工都能理解企業文化。「Ask Me Anything」活動，則讓員工有機會直接向高層管理者提問，促進開放對話。公司每年會進行員工滿意度調查，了解員工對工作環境、薪酬、領導力等方面的看法，並據此進行改善。內部亦設有意見回饋平台，供員工隨時提交建議，公司定期回應並落實改善措施。

**5. 員工社群與歸屬感**：Grab 相信「快樂的員工能創造更好的顧客體驗」，因此透過各種活動促進員工間的情感連結，例如年度的 Grab Day，全體員工參與慶祝活動，加強團隊凝聚力，並透過節慶派對、運動比賽、團隊競賽，促進跨部門交流與合作。公司也推動社會責任與志工活動，推動 Grab for Good 計畫：員工可參與社區服務、環保行動、教育計畫，提升社會影響力。另提供專案，支援身心障礙人士與低收入家庭駕駛獲得經濟補助，進一步展現企業的社會責任。

⊙ **Grab 員工體驗管理的成果與影響**

透過這些策略，Grab 在提升員工體驗方面取得了顯著成果：

**1. 員工滿意度大幅提升：**內部調查顯示，員工對 Grab 的薪資福利、工作環境與職涯發展機會的滿意度均高於市場平均水準。員工忠誠度也大大提升，流動率降低，確保人才穩定與發展。

**2. 企業創新力增強：**員工積極參與創新項目，開發 GrabPay、GrabMart、GrabExpress 等服務，推動公司持續擴展市場版圖。

**3. 品牌形象與社會影響力提升：**Grab 被評為東南亞最佳科技公司之一，在全球獲得高度關注，其企業文化與社會責任計畫吸引更多優秀人才加入 Grab 團隊。

Grab 的案例顯示，員工體驗管理不僅關乎員工滿意度，更是決定企業競爭力的關鍵因素。透過公平薪酬、優質工作環境、持續學習機會、透明文化與員工歸屬感，企業不僅能提高員工敬業度，還能推動創新，進一步提升市場競爭力。對於希望提升員工體驗的企業而言，Grab 的成功提供了一個明確的方向，員工的幸福感與企業的成長是相互關聯的，只有當企業真正關心員工時，才能讓團隊發揮最大價值，實現更長遠的發展目標。

## Shopee（蝦皮購物）—提升敬業度，優化業績表現

Shopee（蝦皮購物）成立於 2015 年，隸屬於 Sea Group（冬海集團），

總部設於新加坡。該平台已擴充至東南亞、台灣、巴西及其他新興市場，成為當地最具競爭力的電子商務平台之一。Shopee 主要提供網上購物、數位支付、物流配送、數據分析等完整的商業生態系，並透過創新的技術與營運策略，在短時間內躋身亞洲領先的電商企業。

在競爭激烈且快速變動的產業中，Shopee 的成功不僅源於對市場趨勢的精準掌握，更仰賴對員工體驗管理的高度重視。公司透過薪酬福利、工作環境、培訓發展、健康關懷與文化氛圍等全方位措施，打造員工友善的職場，提升員工的敬業度與生產力，進一步推動業績成長。

⊙ **Shopee 的員工體驗管理策略**

**1. 具競爭力的薪酬福利：**薪資與福利不僅是員工選擇雇主的重要標準，更影響著員工的忠誠度與工作表現。為吸引並留任優秀人才，Shopee 提供市場上具競爭力的薪酬與福利，並依據員工職級、績效與市場行情調整薪資，以確保公司薪酬政策保持競爭力。另有豐富的獎金制度，依照個人、團隊與公司表現提供年度績效獎金，並對於優秀員工，提供額外獎金或股票激勵方案。同時，公司有完整的健康與生活保障，確保員工與其家人的健康，還提供健身房會員、瑜伽課程、運動津貼，鼓勵員工維持健康生活方式，以及提供午餐津貼、年度旅遊補助，提升員工的生活品質。

**2. 友善與靈活的工作環境：**Shopee 重視員工的工作環境，提供一個自由、開放且充滿活力的辦公空間，讓員工在舒適的氛圍中發揮創造力。公

司設計符合年輕人喜好的現代化開放式辦公室、合作空間、休閒娛樂區，讓員工能夠自由討論與交流。針對部分職務提供彈性上班時間與遠端辦公，確保員工能夠在高效工作的同時維持生活平衡。辦公室內設有咖啡吧與休憩區，使員工在高壓工作中得以適時放鬆，進而提升工作效率，並有會議與討論室，配備最新科技設備，確保跨部門協作高效運行。

**3. 全面性的培訓與職涯發展：**Shopee 不僅提供就業機會，更致力於促進員工成長，透過內部與外部培訓計畫，確保員工持續精進專業技能。公司有新人入職計畫，幫助新進員工快速適應公司文化與業務運作。設有導師制度，讓資深員工帶領新進同仁，提供職涯指導與技能訓練。公司非常重視專業技能的培訓，針對工程師、數據科學家、產品經理等技術團隊，提供進階學習機會，並有電子商務與行銷課程，幫助業務團隊掌握市場趨勢與創新行銷策略。針對管理與領導力培訓方面，規劃有「未來領袖課程」Shopee Future Leaders Program，培養具有潛力的年輕員工，為未來管理階層做準備，同時公司也實施內部跨部門輪調，讓員工有機會體驗不同職位，累積多元技能，拓展職涯發展機會。

**4. 關注員工的身心健康與福利：**Shopee 深知員工的身心健康與工作表現息息相關，因此積極推動健康與福利計畫，以確保員工能在良好環境下發揮最佳工作狀態，並提供年度身體檢查，確保員工身心健康，還有免費心理諮詢服務，協助員工應對壓力與職場挑戰。公司也會舉辦壓力管理工作坊、冥想課程，幫助員工調適心態，提高工作效率。另外還有定期的部

門聚餐、運動比賽、年度旅遊，增強員工間的情感連結，透過員工社群，提供興趣分組，如攝影、運動、遊戲社群，提升團隊歸屬感。

**5. 創新與開放的企業文化**：Shopee 鼓勵創新與開放溝通，建立一個讓員工敢於挑戰、勇於表達的企業環境，強調開放溝通文化，高層管理者與員工之間沒有過多的階層限制，員工可以直接向高層提出建議。每季會舉辦「Ask Me Anything」高層 Q&A 會議，提供員工向 CEO 與高層主管提問的機會，讓公司的決策更透明。公司還會舉辦員工創意提案競賽，鼓勵員工提出創新點子，成功落實的提案將會獲得獎金與資源支持，同時還有內部創業計畫（Shopee Ventures），只要有好計畫，公司會提供資金與指導，支持員工發展創新業務。

## ⊙ Shopee 員工體驗管理的影響與成果

透過這些全方位的員工體驗策略，公司在員工滿意度與業績表現上都獲得了顯著成果：

**1. 員工滿意度顯著提升**：內部調查顯示，Shopee 員工對薪資福利、職涯發展與工作環境的滿意度皆高於業界平均水準。

**2. 人才留任率提高**：完善的培訓發展機制與競爭力薪酬，使公司能夠吸引並留住優秀人才，降低流動率。

**3. 企業創新力增強**：員工積極參與創新提案，使公司得以持續推出新功能與服務，進一步強化市場競爭力。

# 第三章 | 案例 全球視角的實踐與探索

　　Shopee 的案例顯示，優質的員工體驗管理能夠有效推動企業成長。透過提供公平薪資、優質工作環境、持續學習機會、透明文化與員工歸屬感，企業能夠提升員工敬業度，進一步強化市場競爭力，創造更大的企業價值。

## 03. 歐美企業的人才發展

以下是歐美成功的員工體驗管理的幾個案例：

### Netflix—自由與責任的極致實踐

Netflix 是全球影視串流媒體產業的先驅，不僅在商業模式上顛覆了傳統媒體，更在企業文化與員工體驗的管理上，創造一種前所未有的高自由度、高績效、高回饋的工作環境。2024 年的營收成長 16% 至 390 億美元，營業利潤達到 104 億美元，營業利潤率也提升 6 個百分點至 27%，截至 2023 年，員工人數超過 12,000 人。

創辦人暨執行長海斯汀（Reed Hastings）在零規則《No Rules Rules》首次公開他的經營心法，詳細解析 Netflix 透過「自由與責任」（Freedom & Responsibility）文化來打造一個高度創新的工作環境，讓員工發揮最大潛力。這種獨特的文化不僅幫助 Netflix 在競爭激烈的娛樂市場中脫穎而出，也使其成為全球最受矚目的理想雇主之一。

本案例將探討 Netflix 員工體驗管理的關鍵要素：人才密度、誠實敢言、極簡規範、高度授權等方面的做法，以及這些措施如何提升員工體驗並助力公司成長。

## ⊙高人才密度：精英團隊的運作方式

　　Netflix 在員工管理上，最重要的原則之一就是「人才密度」（Talent Density），也就是確保公司內部擁有最優秀的員工，並透過「夢幻團隊」的方式提升整體績效。這種理念來自創辦人里德・海斯汀對企業競爭力的深刻洞察：「如果我們讓最優秀的人共事，他們會激發彼此更高的水準；反之，若讓低績效者留在公司，將會拉低整個團隊的表現。」

　　**1. 嚴格的人才篩選與留任標準**：Netflix 將公司視為「職業球隊」而非「家庭」，這意味著員工必須時刻保持高績效，否則會被更優秀的新人取代。公司定期以「保留者測試（Keeper Test）」來決定是否留任員工，主管會問自己：「如果這位員工提出離職，我是否會全力挽留？」如果答案是否定的，Netflix 會提供優渥的資遣費，讓員工選擇更適合的地方發展。這種嚴格的篩選標準，使 Netflix 的團隊維持在最具競爭力的狀態，確保每位員工都能與優秀的同事共事，激發出最佳工作成果。

　　**2. 最高薪資原則**：Netflix 在薪酬制度上採取市場最高標準，確保能吸引並留住業界最頂尖的人才，不會因薪資因素而選擇離開，並鼓勵員工主動去市場比較薪酬，以決定自己的價值，並承諾匹配市場上能提供的最高報酬。這種「透明薪資」制度，讓員工可以專注於創新與表現，而非為了更高薪資跳槽。同時，員工還可以選擇以現金或股票的方式領取薪酬，以提升財務自主權。

　　**3. 職業發展自由度**：員工可跨部門輪調，探索自身興趣領域。公司亦

鼓勵員工外出面試，以掌握市場競爭力與產業趨勢。

### ⊙絕對誠實的回饋文化

　　Netflix 鼓勵員工以「正向動機」進行坦率的溝通，這意味著員工可以直接向上級、同事或下屬提供回饋，而不需要擔心人際壓力。公司經營階層強調開放、直接的溝通，這種文化促使公司內部形成一個不斷學習與成長的環境，使每位員工都能迅速提升自己的能力。

　　**1.360 度回饋：** 建立此一回饋機制」，讓員工可以在日常工作中隨時對主管、同事提供回饋意見，彼此之間給予直接且建設性的意見，目標是讓每個人從「優秀變得更傑出」。這些回饋並非年終考核，而是持續性的，確保員工能夠即時修正方向，提升績效。

　　**2.大聲認錯，小聲慶祝（Sunshine Policy）：** 強調「錯誤不可怕，隱瞞才可怕」，鼓勵員工公開承認錯誤，強調從錯誤中學習，而非懲罰。讓公司整體快速學習。這樣的容錯文化讓團隊更願意嘗試創新，而不怕犯錯。

　　**3.公開資訊：** 公司內部的決策、財務報表、策略方向等資訊都是透明公開的，員工可以自由存取，確保每個人都有足夠的資訊來做決策。

### ⊙極簡規範：去除繁文縟節

　　Netflix 認為過多的管理規範只會降低員工的自主性與創造力，故而取消了許多傳統企業的管理規範，例如休假政策、費用報銷審批等，讓員工

擁有更大的自由度與責任感。

**1. 取消休假規定**：沒有硬性規定員工的休假天數，完全交由員工自行決定。只要確保工作順利進行，員工可自行安排休假時間，提升工作與生活的平衡。

**2. 簡化報銷與差旅規則**：採取「以 Netflix 最大利益為考量」的原則，讓員工在報銷和差旅方面自行判斷，可以自由決定出差行程、住宿與餐飲標準，而非遵循繁瑣的核准程序。此舉不僅減少不必要的行政負擔，也提高了員工的工作效率。

## ⊙ 高度授權：讓員工自主決策

Netflix 採取「去中心化決策（Decentralized Decision-Making）」模式，強調「每個人看到垃圾都應該自動起來」，這意味著員工應該對工作環境負責，不論職位高低，都能自主做出有利於公司的決策，讓員工自行決策，而不是層層審批。公司相信，充分掌握資訊的員工比遠離市場的高層更能做出正確的決定，因此授權員工在自己的職責範圍內進行決策，而不是依賴高層指示。

**1. 充分資訊，讓員工有能力做決策**：強調資訊透明，所有策略會議、財務狀況等資料都向員工公開，讓他們能夠根據完整的資訊來做出最佳的決策，而不需要等待主管核准。

**2. 授權員工自行決定專案**：Netflix 的員工擁有高度的自主權，可以自

行決定專案方向，甚至自行發起新的專案。這種高信任的管理模式，激發了員工的創造力，使 Netflix 持續保持創新競爭力。

**3. 鼓勵試驗與冒險：** 公司期待員工勇於嘗試創新，即使決策錯誤也不會被懲罰，只要從錯誤中學習並快速修正即可。

## ⊙ Netflix 的員工體驗，對企業的影響

「自由與責任文化」成功塑造了一個高績效、創新力強的企業文化，使其在全球娛樂市場中脫穎而出。這種管理方式的成果包括：

1. **更高的敬業度**：員工在高度信任與授權下，能充分發揮潛力，並投入工作。

2. **更快的決策與創新**：去除繁瑣流程後，能夠更快做出市場應對決策，保持市場領先地位。

3. **更低的離職率**：透過市場最高薪資水準與優質團隊文化，企業能有效留任高績效人才。

4. **更強的競爭力**：Netflix 能夠持續推出全球熱播影視內容，如《紙牌屋》、《怪奇物語》、《魷魚遊戲》等，展現出極高的創新能力。

Netflix 的成功並非偶然，而是透過極致的自由與責任文化所塑造的結果，未來的企業管理，不再是由上對下的控制，而是讓員工真正參與決策、擁有自由，並對結果負責。雖然這種文化不一定適用所有企業，但它提供了一個重要的啟示，那就是在快速變化的市場環境中，擁有高度自主權與

責任感的員工，將成為企業最大的競爭優勢。

**Netflix** 的管理方式適用於高度創新且競爭激烈的產業，如科技、媒體與創意設計領域，這些產業的企業適合參考 **Netflix** 的模式，提升人才密度、促進誠實回饋、減少不必要規範，進而提升企業競爭力。

## 西南航空─創造積極正向的工作環境

西南航空（Southwest Airlines）創立於 1967 年，總部位於美國德克薩斯州（Texas），是全球最成功的低成本航空公司之一。與傳統航空業不同，西南航空不僅以低票價和高效率的營運模式聞名，更透過獨特的企業文化與卓越的員工體驗，成功打造了高員工敬業度與顧客服務佳評如潮的競爭優勢。

西南航空深信：「快樂的員工，才能創造快樂的顧客。」公司始終將員工視為最重要的資產，並透過文化建設、優渥福利、學習發展機會、創新機制與獎勵制度等多重策略，營造積極、正向且充滿歸屬感的工作環境，確保員工能夠熱情投入，進而推動公司業績成長。

⊙ 西南航空的員工體驗管理策略

**1. 以文化為核心，打造強大的內部凝聚力**：西南航空的企業文化是其成功的基石，公司強調「員工第一，顧客第二」，認為只有讓員工感到快

樂，才能提供優質的顧客服務。因此，公司透過各種方式將文化深植於每位員工的日常工作中。在招募過程中，公司特別強調價值觀契合，優先錄取認同企業文化並展現熱忱與服務精神的求職者。新進員工的培訓不僅涵蓋專業技能，還包括企業文化工作坊，幫助新員工理解並融入西南航空的文化。公司高層主管會定期舉辦員工聚會，親自與員工互動，讓員工感受到企業對其的重視。CEO 和高層主管經常走訪第一線，親自向員工表達感謝，強調「我們是一個大家庭」的概念。公司會定期舉辦員工家庭日、團隊競賽、慈善活動等，促進員工間的連結，營造充滿正能量與活力的氛圍。

**2. 優渥的員工福利，確保員工的幸福感：** 西南航空不僅提供具競爭力的薪資，還額外提供多樣化的員工福利，以提升員工的幸福感與忠誠度。公司提供完整的健康保險、牙科與視力保險，確保員工的健康需求。設有退休金計畫，協助員工規劃未來財務安全。

為符合資格的員工提供遠端工作與彈性工時，提高工作與生活的平衡，並擁有優於業界標準的帶薪假，確保員工能夠適時休息與陪伴家人。員工與直系親屬可享受免費或折扣機票，讓員工能夠輕鬆探索世界，體驗航空業的樂趣。

**3. 投資員工的學習與職涯發展：** 西南航空堅信，員工的成長與企業的發展密不可分，因此提供豐富的學習與職涯發展機會，提供數百門免費線上與實體課程，涵蓋領導力發展、溝通技巧、航空安全、顧客服務等領域。針對有潛力的員工提供管理培訓計畫，幫助其未來晉升至領導職位，並鼓

勵員工跨部門輪調，幫助員工探索不同職涯發展路徑，累積多元技能，公司內部高達87%的管理職位來自內部晉升，展現公司對內部人才的重視與培育。

**4. 鼓勵創新，賦予員工自主權：**西南航空深知創新的重要性，因此積極鼓勵員工在日常工作中提出新點子，並透過制度化的創新機制支持員工發揮創造力，提出「草根創新（Grassroots Innovation）」計畫，任何員工都可以提交創新提案，公司會提供資金與資源來測試與落實好點子。例如，某位地勤人員曾提出優化登機流程的建議，公司隨即採納，並成功提升作業效率。

公司推動「職場民主（Workplace Democracy）」制度，鼓勵員工積極參與決策過程，例如透過內部會議、匿名問卷等方式，蒐集員工意見並納入決策考量，此制度不僅讓員工感受到自己的聲音被聽見，也提高了工作滿意度與企業向心力。

**5. 建立認可與獎勵制度，讓員工感受到價值：**西南航空高度重視員工的貢獻，透過多元獎勵制度，確保員工的努力獲得適當的肯定，公司設立『英雄計畫（Heroes Program）』，每月選出優秀員工，並給予公開表揚、獎金及額外福利，例如免費機票或禮品卡。公司鼓勵主管與同事之間以「感謝卡」或「即時表揚」的方式，向表現優秀的員工表達肯定。員工可透過內部表揚平台「Southwest Kudos」分享同事的優秀表現，創造積極正向的工作氛圍。

⊙**西南航空員工體驗管理的成果**

透過上述一系列的策略,西南航空在員工滿意度、企業績效與品牌形象方面,都取得了卓越的成就:

**1. 高員工滿意度與留任率**:內部調查顯示,西南航空員工滿意度長期高於航空業平均水準,且員工流動率遠低於業界。

**2. 卓越的顧客服務**:員工的高敬業度直接轉化為優異的顧客服務,使西南航空成為美國最受消費者信賴的航空品牌之一。

**3. 企業文化影響力**:西南航空被多次評為「美國最佳工作場所」,並受到其他企業的效仿與學習。

西南航空的案例顯示,當企業以員工為中心,打造積極的員工體驗,最終將帶來更高的生產力與顧客服務品質。透過強大文化凝聚力、優渥福利、職涯發展機會、創新機制與獎勵制度,企業不僅能夠提升員工滿意度與忠誠度,還能在競爭激烈的市場中保持領先地位。這些經驗值得所有企業借鏡與學習,以提升員工體驗與競爭優勢。

# IKEA—尊重每位員工的獨特性

IKEA 作為全球最大的家居零售品牌之一,以簡約設計、實用功能和親民價格聞名於世。然而,IKEA 真正的競爭力不僅來自於產品,而是在於其獨特的員工體驗管理策略。IKEA 深信,快樂的員工能夠創造更好的

顧客服務，因此致力於營造一個尊重、包容、平等與多元的工作環境，讓每一位員工都能夠充分發揮潛能，感受到工作的意義與價值。

IKEA 的企業文化核心圍繞著「家」的概念，不論是內部管理還是顧客服務，皆強調關懷、歸屬感與團隊合作。這不僅讓員工在工作中感到被尊重，還進一步提升了 IKEA 的品牌忠誠度與市場競爭力。

IKEA 的員工體驗管理以多元化與包容性為核心，結合創新的薪酬制度、完善的職涯發展計畫、以及平等共融的企業文化，讓每位員工感受到尊重。這種以人為本的理念，不僅強化企業內部的凝聚力，也提升了 IKEA 在國際市場上的品牌形象。

## ⊙ IKEA 的核心價值和文化

IKEA 將「家」的概念融入企業文化之中，透過以人為本的精神，為每位員工打造溫暖且包容的工作環境。這種企業文化體現在彼此尊重的基礎上，讓每個人都能夠真實地做自己。IKEA 鼓勵簡單且高效的工作方式，例如透過「Fika 瑞典咖啡時間」的方式，促進員工間的交流與協作，使創意得以自然地激盪。

同心協力是 IKEA 文化的核心價值，無論職位高低，所有人都能在平等的環境中共同合作成長，這種氛圍讓員工感受到自己的價值，並激勵他們投入更多工作熱情。

## ⊙ IKEA 的員工體驗管理

IKEA 的員工體驗管理涵蓋從招募到培訓的全過程，目的是讓每位員工在公司旅程中都能感受到歸屬感。

在招募方面，IKEA 透過多元化的方式吸引人才，例如在社交媒體上分享企業故事和員工的真實故事，透過現有員工的經驗傳遞企業文化，經由包容性的面試流程挑選價值觀契合的員工，吸引志同道合的人才加入。入職後，透過新員工導師計畫，新進員工可接受完整的培訓，包括企業文化介紹、專業技能訓練及專屬導師的指導，幫助他們快速融入 IKEA 的工作環境。

在薪酬與福利上，IKEA 堅持同工同酬，並提供豐富的福利方案，如彈性工時、心理健康支援，以及男性員工的帶薪陪產假。此外，內部職缺發布及內部人才流動系統，鼓勵員工根據自身興趣與能力探索不同部門的發展機會，甚至可以申請國際職位轉調，實現跨國職涯發展。

IKEA 對持續學習與發展也相當重視，IKEA 不僅希望員工能夠安心工作，更希望他們在 IKEA 成長，因此提供多樣化的職涯發展計畫，規劃有「步步高升」職涯發展機制，提供從基層員工到管理階層的晉升機會，鼓勵員工內部發展。公司亦提供領導力培訓、數位轉型課程與跨部門協作訓練，協助員工精進專業技能與管理能力。員工也可透過 IKEA 的內部學習系統，自主選擇進修課程，提升自身競爭力。

## 第三章｜案例 全球視角的實踐與探索

### ⊙ 實踐性別平等，落實多元文化

IKEA 堅信性別平等是打造包容文化的關鍵。透過在所有職位中實現性別平衡，IKEA 不僅為女性員工提供公平的發展機會，也讓男性員工能夠擔任更多原本由女性主導的角色。這種雙向的平等機制，讓每位員工都能突破傳統框架，充分發揮潛力。

在多元文化的推動上，IKEA 積極促進不同背景的員工交流與合作。例如，透過內部論壇與文化活動，員工能夠分享自己的文化故事，增進彼此的理解與尊重。IKEA 同時提供安全的工作環境，並鼓勵不同背景的員工在工作中展現自我。

### ⊙ 創造可持續的影響力

IKEA 的員工體驗管理還延伸至對社會與環境的正面影響，鼓勵員工參與各種永續發展項目，例如回收舊傢俱、減少浪費，以及推廣使用環保材料。這不僅增強了員工對企業使命的認同感，也為企業的環保目標做出了具體貢獻。

IKEA 更致力於支持弱勢群體，尤其是在教育與生活條件改善方面。透過與非營利組織合作，IKEA 提供教育資源與生活物資，幫助更多家庭擁有美好的未來。

### ⊙ IKEA 員工體驗的成果與展望

IKEA 的員工體驗策略為企業帶來顯著成效，並多次獲選為全球最佳

僱主，進而吸引更多優秀人才加入。同時，這些策略也促進了員工的效率與效能，員工的高度敬業度轉化為更優質的顧客服務，進一步強化品牌競爭力，為企業帶來穩定成長的力量。展望未來，IKEA 將持續深化員工體驗管理，透過技術創新與文化融合，深化數位轉型提升工作效率，打造更靈活且具包容性的工作環境。同時，IKEA 將探索更多永續發展的可能性，進一步增強對員工與社會的正向影響。

總而言之，IKEA 的成功不僅在於其卓越的產品設計，更來自於對員工體驗的高度重視，創造了一個能夠真正激勵員工的工作環境。**透過尊重每位員工的獨特性、提供全方位支援與發展機會，IKEA 不僅打造強大的人才團隊，更穩固其全球領導地位。**

## 理論充電站

- **工作鑲嵌理論**

　　工作鑲嵌（Job Embeddedness）理論由 Mitchell 等人於 2001 年提出，主要在解釋員工為何選擇留在或離開組織的原因。該理論指出，員工的離職決策不僅取決於工作滿意度或替代就業機會，還受到更廣泛的社會和心理因素影響。工作鑲嵌由三個主要構面組成：連結（Links）、契合（Fit）和犧牲（Sacrifice）。

**1. 連結（Links）：**

　　連結指的是個人與他人或組織之間的正式或非正式關係網絡。這些連結越多，員工越可能感到被組織或社區所束縛，從而降低離職的可能性。例如，員工在工作中建立的友誼、與主管的良好關係、參與的團隊或專案，甚至是與工作相關的社區活動，都是連結的體現。

**2. 契合（Fit）：**

　　契合指的是個人價值觀、職業目標與組織文化、工作要求以及社區環境之間的匹配程度。當員工感受到與組織或社區的高度契合時，他們更可能留在現有的工作崗位上。例如，若員工的價值觀與公司的使命一致，或是工作內容符合其職涯發展目標，他們會感到更滿足，離職的可能性也會降低。

### 3. 犧牲（Sacrifice）：

犧牲指的是員工離職時所需放棄的有形或無形利益。這些利益可能包括薪資、福利、職位聲望、工作中的人際關係，以及生活中的便利性等。當員工感受到離職所帶來的犧牲越大時，他們越傾向於留在現有的職位上。舉例而言，若一位員工在公司內享有良好的福利待遇，如彈性工作時間、優渥的年終獎金等，這些都是他在離職時需要考慮的犧牲因素。此外，若公司地點接近員工的住所，通勤時間短，也是員工考慮的因素之一。

### 在管理實務中的應用

了解工作鑲嵌理論，對於企業的員工體驗管理具有重要意義。企業可以從以下幾個方面入手，提升員工的鑲嵌程度，從而降低離職率：

**1. 增強連結**：鼓勵團隊合作，提供員工參與決策的機會，組織團隊建設活動，增強員工之間的聯繫。

**2. 提升契合度**：在招聘時，關注候選人與企業文化的契合度。同時，提供培訓和發展機會，幫助員工實現個人職業目標與公司的發展方向一致。

**3. 增加犧牲成本**：提供具有競爭力的薪酬和福利，創造良好的工作環境，使員工在考慮離職時，需要權衡可能失去的利益。

工作鑲嵌理論提供一個全新的視角，讓我們理解員工的離職行為。透過關注連結、契合和犧牲三個構面，企業可以採取相應的策略，提升員工的留任率，從而保持組織的穩定性和持續發展。

## 工作鑲嵌衡量表

| | |
|---|---|
| 連結<br>（Links） | 1. 請問您待在這個職位多久？ |
| | 2. 您在此公司工作多久了？ |
| | 3. 您在目前所任職的產業工作多久了？ |
| | 4. 平常會與您互動的同事有多少人？ |
| | 5. 您參與幾個工作團隊？ |
| | 6. 在公司，您有幾個需要團隊合作的專案？ |
| 契合<br>（Fit） | 1. 我喜歡我工作團隊的的成員 |
| | 2. 我的同仁和我很相似 |
| | 3. 我的工作讓我的技能以及才能能夠充分發揮 |
| | 4. 我覺得我與本公司非常契合 |
| | 5. 我覺得我適應公司的文化 |
| | 6. 我喜歡此家公司中所擁有職權並擔負責任 |
| 犧牲<br>（Sacrifice） | 1. 我在此份工作上可以自由的決定如何達成我的目標 |
| | 2. 此工作的待遇很優渥 |
| | 3. 我覺得與我共事的人對我相當尊重。 |
| | 4. 如果離開這個工作，我的損失會很大 |
| | 5. 我在此公司有很好的升遷機會 |
| | 6. 我覺得我的薪資能良好反應我的績效結果 |
| | 7. 這份工作上的福利不錯 |
| | 8. 我認為公司所提供的醫療福利非常棒 |
| | 9. 我認為公司的退休福利非常優渥 |
| | 10. 我相信持續待在此公司任職會有不錯的前景 |

量表來源：Mitchell, T.R., Holtom, B.C., Lee, T.W., Sablynski, C.J., & Erez, M.(2001).Why people stay: Using job embeddedness to predict voluntary turnover.Academy of management journal, 44(6), 1102-1121.

# 肆

## 發展｜持續努力邁向卓越

◎ 員工體驗經理的未來角色
◎ 推動員工體驗的挑戰與機會
◎ 從優秀到卓越：打造永續的體驗管理系統
◎ 下一步：深化與慶功

第四章｜發展 持續努力邁向卓越

## 01. 員工體驗經理的未來角色

員工體驗管理是近年來在人力資源管理的新興領域，依據蓋洛普（Gallup）2022 年調查，在 LinkedIn 成長最快的 25 種職缺當中，員工體驗經理就高居第 5 位，顯見員工體驗經理的角色在企業中越來越受到重視。其核心理念是將員工視為企業重要的內部顧客，關注且滿足他們在工作中的需求和期望，以提升員工滿意度、敬業度、工作表現和生產力。

過去人力資源管理主要著力於招募、培訓、薪酬、績效評估等方面的提升，以確保企業的績效，而員工的感受和體驗通常被視為是比較次要的項目。但是，根據 2019 年 Gartner 公司的調查報告顯示，只有 29% 的員工認為人資部門了解他們的需求和期待，而且員工體驗相關的工作更是人資主管最需要改善的前三名。隨著全球競爭加劇和人才短缺，人力資源管理不應僅專注於選、用、育、留的運作，更應關注如何優化員工體驗，就如同企業重視顧客體驗一般。

員工體驗管理從最初關注員工工作環境、員工福利、工作氛圍等方面，到如今的注重員工情感體驗、工作彈性、工作與生活平衡、工作激勵、心理安全感等方面，由此可見員工體驗管理正在不斷地演進和發展。

隨著科技的進步，員工體驗管理也逐漸從主觀感受轉變為客觀數據

分析。企業透過數據分析員工的工作體驗，如員工離職率、員工滿意度調查結果、員工意見回饋等，以改善員工體驗。於是，員工體驗經理（EX manager）這個職務角色就應運而生，成為企業管理員工體驗的專業人士，其主要職責是確保企業的員工體驗符合最佳實踐和業界標準，並能夠提高員工滿意度和工作績效。以下是員工體驗經理的主要職責：

**1. 制訂員工體驗計畫：** 員工體驗經理需要深入瞭解員工的需求和期待，並設計和制訂員工體驗計畫。

**2. 管理員工體驗專案：** 員工體驗經理需要負責管理員工體驗專案，包括工作環境、學習發展、績效評估、員工溝通等。

**3. 改善員工體驗：** 員工體驗經理需要監測員工體驗現況，以改進和優化員工體驗。

**4. 數據分析：** 員工體驗經理需要掌握人資相關數據，透過數據分析員工體驗狀態，進而提出改進建議。

**5. 跨部門合作：** 員工體驗經理需要與不同部門密切合作，包括人資、營運、行銷等，以確保員工體驗計畫與企業整體策略的連結性。

總之，員工體驗經理是一個新興的職位，其職責和職能會因企業和產業而異，其主要的目標是確保企業員工擁有最佳的工作體驗。

## 員工體驗經理的角色和貢獻

曾經有一位美國遊戲開發公司的員工體驗經理就曾經表示，他的工作

## 第四章｜發展 持續努力邁向卓越

就是為公司的員工創造優良的職場環境和體驗，從員工應徵工作到離開公司的每一天都是如此。以下再進一步說明員工體驗經理的角色與貢獻。

首先，員工體驗經理負責設計、執行與管理員工體驗計畫。他們需要瞭解員工的需求和期望，設計和制訂員工體驗計畫。也就是說，員工體驗經理需要深入瞭解企業的營運目標，並透過對員工問卷調查及面談等方式瞭解員工的期待和需求，再將這些資訊轉化為員工體驗計畫。

其次，員工體驗經理需要負責管理和協調各項不同的員工體驗專案，並與各部門緊密合作，確保員工體驗計畫的有效實施。例如他們需要和人資部門合作，以確保員工的薪資待遇、福利和工作條件符合勞動法律的規定；也需要與營運部門合作，確保工作環境和工作流程優化，提高員工的工作效率。並與訓練部門合作，規劃專業發展計畫，提供員工完善的學習資源。另外要與績效管理部門合作，制訂合理的考核機制，公平評估員工的工作表現等等。

員工體驗經理亦需監測與評估員工體驗計畫的執行成效，並分析企業的員工滿意度數據，員工體驗經理需要收集、分析和解釋員工的數據，並能客觀、全面地評估員工體驗計畫的實施成效。此外，員工體驗經理亦擔任企業文化與價值觀的推動者，使員工更深刻理解與認同企業理念，並透過企業內部培訓課程、員工活動等方式，讓員工瞭解企業使命、願景和價值觀。在此過程中，員工體驗經理需要與企業高層、員工代表合作，以確保落實企業文化和價值觀。

員工體驗經理需要具備豐富的管理知識和實踐經驗，才能設計實施有效的員工體驗計畫。員工體驗經理需要與各部門緊密合作，並協調和管理員工體驗計畫的實施。更重要的是，員工體驗經理需要讓員工深刻認識和認同企業的使命、願景和價值觀，進而能夠更積極地投入工作。

　　員工體驗經理對企業的貢獻不僅體現在提高員工滿意度，同時能提高企業的競爭力。透過提供優質的員工體驗，員工體驗經理能夠留住優秀的人才還能幫助企業建立積極的企業文化和價值觀，進而提高企業競爭力和永續發展能力。

　　以下是一個實例：某家快速成長的科技公司，由於業務擴展與員工數量激增，企業文化與價值觀逐漸變得模糊；同時，員工的工作負荷和工作壓力也逐漸增加，導致員工的離職率開始飆升。為解決此問題，公司聘請一位資深員工體驗經理，展開全面調查與分析，包括員工的工作環境、薪酬福利、訓練發展等方面，以深入瞭解員工的需求和期望。接下來，員工體驗經理設計了一系列的員工體驗提升計畫。

　　首先，員工體驗經理重新梳理企業文化與價值觀，並與高層共同制定新的企業宣言，明確定義企業使命、願景和價值觀，並進行內部宣傳和推廣。同時，他還建立一個企業文化推廣小組，透過各種活動推廣企業文化和價值觀，讓員工能夠更深入地瞭解企業的理念和價值觀。

　　其次，員工體驗經理優化工作環境，並與室內設計師及人資團隊合作，重新規劃辦公空間與裝潢設計，打造了一個更有創意和活力的工作環境。

同時還推出一系列的員工福利，包括彈性工作時間、家庭照顧假、健身計畫等，讓員工的工作和生活更平衡。

此外，員工體驗經理還建立員工培訓和發展計畫，並與專業教練合作，展開培訓課程和工作坊，幫助員工提升專業技能，推出並且建立內部專業交流平台，讓員工彼此分享專業知識和經驗，以增強員工之間的溝通合作。

透過員工體驗計畫的實施，員工體驗經理成功地提升了員工體驗，員工的離職率也獲得控制。同時，員工的工作效率和滿意度也有所提升。除此之外，員工體驗經理還透過對員工需求和期望的深入瞭解，提出新產品和服務的點子，幫助公司擴大了業務範圍。同時，也透過建立正向的企業文化，增強雇主品牌，並吸引更多的人才加入公司。

由此可見，員工體驗經理在企業發展中扮演了一個關鍵的角色，並且對企業發展和員工滿意度都有重要的貢獻。透過瞭解員工的需求和期望，推動各項員工體驗專案計畫，透過這些努力有效提高員工的滿意度，增強企業的競爭力和創造力。

## 員工體驗經理面臨的挑戰和機會

員工體驗經理的工作充滿挑戰與機會，兩者相互關聯，且不斷交錯發展。以下我們來探討員工體驗經理如何應對挑戰和掌握住機會：

**1. 滿足員工多樣化的需求**：員工體驗經理可透過數據分析，深入了解

員工需求，並據此優化工作環境、職務內容與福利措施，讓每一位員工都能夠感受到公司的關愛和尊重。另外，員工體驗經理還可以透過個性化的培訓方案，提高員工的工作能力和職業素養，讓員工感受到公司對於自身職涯發展的關注和支持。

**2. 提高員工的敬業度**：員工體驗經理可營造積極向上且和諧的工作氛圍，以激勵員工投入工作並發揮創造力，讓員工積極投入工作。此外，員工體驗經理還可以透過有效提升員工的情緒和心理狀態，進而提高員工的敬業度。

**3. 平衡成本與效益**：員工體驗經理在提升員工體驗時，亦需兼顧企業整體成本效益。因此，員工體驗經理需要重視成本控制，合理分配投入的資源，將員工體驗的優化和公司的整體發展目標緊密結合。

**4. 創新技術的應用**：員工體驗經理可運用創新技術，優化工作模式，以提升員工體驗。例如，透過引進人工智慧管理系統，員工可以更方便地查看工作進度和專案進度，提高工作效率；透過導入 VR／AR 技術，員工可以體驗到更生動逼真的培訓內容，以提高培訓效果。此外，員工體驗經理還可以透過數據分析和 AI 技術，更精準掌握員工需求，以制訂培訓課程計畫，讓員工感受到更加個性化和人性化的關注。

**5. 應對環境不確定性**：當前商業環境變動快速，員工體驗經理需適時調整策略，靈活應對挑戰。例如，當公司面臨經濟困境或產品推出失敗等情況時，員工體驗經理需要考慮如何提高員工的士氣，鼓勵員工積極參與

第四章｜發展 持續努力邁向卓越

創新和問題解決，共同攜手度過難關。

**6. 領導階層的支持**：員工體驗經理需要得到高階主管的充分支持與授權，認同員工體驗對人才留任的重要性，並提供充足資源與支持，協助員工體驗經理順利完成各項任務。

總而言之，員工體驗經理的工作任務充滿挑戰和機會，需要具備良好的分析能力、創新能力、人際溝通和專案管理能力。只有持續掌握員工的需求，推動滿足員工需求的服務和方案，才能讓員工感受到公司的用心和尊重。員工體驗經理未來將面臨更多的挑戰和機會，需要不斷創新和進步，為公司和員工帶來更卓越的表現和價值。

## 未來的發展趨勢和前景

隨著社會與科技持續進步，員工體驗經理的角色亦隨之演變。以下是幾個主要的趨勢和前景：

**1. 數據分析和人工智慧**：員工體驗經理需具備數據分析與人工智慧相關知識與技能，以深入了解員工需求與偏好，並據此改善員工體驗。

**2. 跨部門合作**：員工體驗經理需與人資、行銷、技術研發等部門緊密協作，以最大化員工體驗提升成效。

**3. 靈活工作模式**：員工體驗經理需要採取靈活的工作模式，包括遠距工作、彈性工作時間等。

**4. 多元和包容**：員工體驗經理需要適度關心公司的多元化和包容性議題，確保員工在組織中獲得公平和尊重。

**5. 創新和實驗**：員工體驗經理需要保持創新和實驗的精神，探索新的方法和策略來改善員工體驗。

整體來說，員工體驗經理是一個非常有前景和發展的職業，尤其在現代企業中，員工體驗已經成為一個非常重要的概念。越來越多的企業開始關注員工體驗，並將其視為重要的留才因素。

此外，員工體驗經理的薪酬也相當具有競爭力。根據近年的薪酬調查報告顯示，在美國，員工體驗經理的薪資中位數約為年薪 8 萬美元。此外，具體的薪酬水準還取決於產業、公司規模、地理區域等因素。

在未來的專業發展上，員工體驗經理可以透過參加專業培訓課程、取得專業認證、參與學術會議及專業研討會等方式不斷提升自己的專業水準。此外，員工體驗經理還可以透過參與專業社群、建立個人品牌等方式，擴大自己的視野及影響力。綜上所述，員工體驗經理為具發展前景的新興職業，未來仍將持續成長。

## 公司如何培養員工體驗經理

員工體驗經理在組織中負責設計、執行和管理員工體驗策略，因此，培養員工體驗經理是一項非常重要的工作。以下分三點來說明：

## 第四章 | 發展 持續努力邁向卓越

**1. 認識員工體驗經理的角色**

　　員工體驗經理是一個具備策略視野與領導能力的職位，負責建立並維護積極、有價值且具激勵性的員工體驗，以提高員工滿意度和敬業度。員工體驗經理需要具備以下關鍵能力：

　　（1）**策略力**：員工體驗經理應該具備策略思維，能夠將員工體驗與組織的目標和價值觀結合，並將其納入組織的整體策略規劃。

　　（2）**領導力**：員工體驗經理需具備領導能力，能影響並激勵團隊成員，共同實現卓越的員工體驗。

　　（3）**洞察力**：員工體驗經理要能夠深入洞察員工的需求、期望和動機，並應用於設計有效的體驗策略。

　　（4）**數據力**：員工體驗經理要能夠運用數據分析和評估工具，以測量和評估員工體驗的效果，並持續加以改進提升。

**2. 員工體驗經理的養成途徑**

　　（1）**定義核心能力**：組織應該確定員工體驗經理所需的核心能力和技能。這些核心能力可以通過內部研究、產業標準和最佳實踐來確定。這些核心能力可能包括洞察力、策略思維、領導能力和數據分析等。

　　（2）**員工發展計畫**：依據核心能力，組織可制定完整的培訓發展方案，包括內部與外部培訓、專業認證等。

　　（3）**內部培訓**：企業可以開設內部培訓課程，邀請內部專家和高階

主管進行培訓,並分享最佳實踐和成功案例。

(4)**外部培訓**:企業可提供資源與支持,協助員工參與外部課程與研討會,以掌握最新的員工體驗趨勢。

(5)**專業認證**:企業可以支持員工獲取專業認證,如員工體驗管理師認證或人力資源管理相關認證,以提升其專業能力。

(6)**專案實踐機會**:企業應提供員工體驗經理參與專案實作的機會,以累積寶貴的實務經驗與學習成效。

(7)**導師支持**:企業可以指派資深經理人作為導師,分享自己的經驗和知識,並提供實際的建議和回饋。

(8)**跨部門合作**:企業應該鼓勵員工體驗經理與其他部門和團隊進行合作交流。這有助於擴大視野,並學習其他部門的最佳實踐和經驗。

(9)**持續評估和回饋**:企業應該建立評估和回饋機制,定期評估員工體驗經理的表現和成長,包括360度回饋、員工意見調查。根據評估結果,企業可以提供依個人需求的發展計畫,以幫助員工體驗經理提升能力。

## 3.關鍵成功因素

成功培養員工體驗經理的關鍵因素包括以下幾點:

(1)**領導階層支持**:領導階層應該支持員工體驗經理的培養和發展,並將員工體驗視為組織的策略優先事項。

(2)**跨部門合作**:跨部門合作交流是成功培養員工體驗經理的重點,

應促進各部門之間的合作和分享,以提供更全面的員工體驗。

(3)**持續改進**:定期評估與優化員工體驗經理的培養計畫,透過回饋機制與個人發展方案確保成效。

(4)**創造文化和環境**:創造積極、支持和開放的文化和環境,以促進員工體驗經理的成長和學習,如領導階層的示範、鼓勵創新以及容錯的文化。

(5)**參與和共享:**企業應鼓勵員工積極參與,並分享自身觀點與經驗,可以透過建立溝通管道、開設工作坊和團隊活動等方式實現。

培養員工體驗經理是完整計畫執行的過程,公司應該定義核心能力,制訂培訓發展計畫,提供實踐機會。**成功培養員工體驗經理的關鍵在於領導階層的支持、跨部門合作、持續改進、創造支持的企業文化,以及員工的參與共享**。透過以上措施,企業能夠打造具有策略思維和領導能力的員工體驗經理,為員工提供積極、有價值和激勵的工作體驗。

## 02. 推動員工體驗的挑戰與機會

人才是企業最重要的資產之一，其工作態度與效率將直接影響企業發展。因此，企業必須從員工的角度出發，關注和改善員工的工作體驗，進而提高員工的工作滿意度和士氣。對於企業來說，衡量員工體驗的成效不僅是檢視過往成果，更是未來優化的基礎。接著我們將繼續探討如何建立衡量指標、選擇有效工具，以及分析數據的最佳實踐，以幫助企業全方位了解員工體驗的現狀與改進方向。

### 建立清晰的衡量架構

企業在評估員工體驗成效前，需建立全面的衡量架構，涵蓋情感、行為與業務影響三大層面。

### 1. 定義核心指標

衡量員工體驗的指標應具備代表性和操作性，主要包括以下三大類別：

**（1）情感指標（感受）：**

・員工滿意度（Employee Satisfaction，ESAT）：透過調查了解員工對工作環境、薪資福利與管理方式的滿意程度。

・員工敬業度（Employee Engagement, EE）：衡量員工對工作投入的敬業程度與情感連結。

・淨推薦值（Employee Net Promoter Score，eNPS）：員工是否願意對他人推薦自己任職公司作為工作場所的意願程度。

**（2）行為指標（行動）：**

・離職率（Turnover Rate）：特別是關鍵職位的離職率。

・內部晉升率（Internal Promotion Rate）：職務出缺以晉升內部員工遞補職缺，而非外聘新人的比例。

・缺勤率（Absenteeism Rate）：公司員工請假缺勤的比例，可以推斷員工健康狀況與工作壓力的程度高低。

**（3）業務指標（影響）：**

・生產力（Productivity）：員工個人或團隊的工作績效成果。

・創新能力（Innovation）：衡量員工於工作中提出創新方案的數量與影響力。

・顧客滿意度（Customer Satisfaction, CSAT）：好的員工體驗可以提升客戶體驗，進而提高顧客滿意度。

## 2. 設定基準線與目標

企業應統計目前的基準數據，例如目前的員工滿意度分數、去年關鍵職位的員工離職率。而基於基準數據，設定具體的改進目標，例如在一年

內將員工滿意度提升10分、在三年內將關鍵職位的離職率降低至5%以下。

## 員工體驗的衡量工具

有效的衡量離不開適當的工具,企業應根據需求,選擇適合的衡量方式。

**1. 員工調查問卷**

員工調查是最直接的衡量方式,適用於廣泛收集員工回饋。例如:

(1)員工滿意度調查:涵蓋多個構面,如薪酬、主管、成長機會。

(2)淨推薦值(eNPS):簡短、精準,能快速了解員工對公司的推薦意願。

**2. 數據追蹤與儀板表**

數位工具能提供即時的數據分析,幫助企業快速發現問題。例如:

(1)HR數據系統:追蹤員工的到職、出勤、請假、調職、離職、晉升等情況。

(2)績效管理系統:分析員工的工作進度、目標管理與目標達成率。

### 3. 質性研究方法

質性方法能補充量化資訊的不足，並提供深入的看法。例如：

（1）員工訪談：深入了解員工的挑戰與需求。

（2）焦點小組討論：對特定議題進行多角度探討。

## 分析數據與診斷問題

企業僅收集量化數據是不夠的，必須進一步分析並診斷導致數字結果的問題所在。

（1）數據交叉分析：將不同指標結合分析，發現更深層的關聯性。例如，透過分析員工敬業度與離職率的關聯，研判敬業度降低是否為員工離職率上升的主因；將員工滿意度數據與部門業務績效進行相關分析，了解高滿意度是否帶來更好的生產力與團隊績效。

（2）確定關鍵痛點：利用數據診斷員工體驗中的薄弱環節。例如：如果新員工的離職率偏高，可能需要優化到職流程或提升新進人員體驗；如果 eNPS 得分較低，應該深入調查是否存在領導風格或企業文化方面的問題。

（3）進行標竿分析：將公司的數據與產業標準進行比較，評估自身的競爭力。例如：是否在滿意度指標上高於產業平均水準；公司是否在員工離職率方面高於同業。

## 實施改進與持續追蹤

衡量的核心目標在於優化員工體驗,企業應將分析結果轉化爲具體行動。根據數據分析結果設計行動計畫,譬如說提升辦公環境舒適度以改善員工滿意度,規劃主管訓練以優化主管領導模式等。

衡量爲動態過程,企業應定期檢視,例如每年或每半年更新員工體驗衡量指標,並根據新數據擬定改進措施。透過內部溝通平台分享調查結果與改進措施,將員工滿意度的提升數據與全體員工分享,同時表彰對員工體驗改進有突出貢獻的部門或個人。

衡量員工體驗管理的成效是確保策略落實與持續改進的關鍵,透過建立清晰的架構、選擇合適的工具、深入分析數據,以及實施動態的改進流程,企業可以全面掌握員工體驗的現狀與未來方向,協助企業透過優質的員工體驗,提升員工的滿意度與敬業度。

## 03. 從優秀到卓越：打造永續的體驗管理系統

深化員工體驗管理的信心，是企業從「完成」到「優化」，再邁向「卓越」的關鍵步驟。隨著市場競爭的日益加劇，員工體驗已從內部管理策略，提升為企業文化與僱主品牌的核心競爭力。不僅能夠吸引與留住優秀人才，還能成為公司核心競爭力的重點項目。

參與並獲得如「最佳僱主」、「幸福企業」或「企業永續」等相關獎項，不僅可展現企業成果，亦能提升品牌形象與員工向心力。這些獎項是企業對員工體驗管理進行持續改進的動機。以下列舉近年來台灣企業較常參與角逐的相關獎項，作為除了獲得內部同仁肯定之外，亦想獲得外部評審認可的優質企業參考之用。

### 「最佳僱主」獎項

104 人力銀行於 2024 年首度舉辦「雇主品牌大賞」，設立「最佳雇主品牌獎」、「最佳吸引力獎」、「最佳留任力獎」，經過嚴謹的審查後共有 104 家企業獲獎。在獲獎企業中有相當程度比重的公司都極為重視員工價值主張（Employee Value Proposition, EVP）的推動與落實，因為 EVP 是

雇主品牌的核心要素。企業也可以研究 104 人力銀行調查提出的「雇主品牌白皮書」內容，以釐清服務之企業希望推動雇主品牌的重點及計畫。

Yourator 數位人才媒合平台 2024 年亦舉辦 Yourator 雇主品牌大賞，以數位人才轉型、DEI 多元共融、品牌創新等面向加以評分，其獎項共有「雇主品牌大賞金獎」、「網路溫度計 雇主好評影響力獎」、「數位創新卓越獎」及「優秀企業獎」等獎項。獲獎的企業可以使用 Yourator 雇主品牌大賞的標章展示於企業各式品牌宣傳管道，溝通所屬企業為實踐「以人為本」的雇主品牌，以提升企業及雇主品牌的形象。

HR Asia 亞洲最佳企業雇主獎是由亞洲資深人力資源專長的權威刊物—《HR Asia》所主辦。這個獎項乃是亞洲人資領域極具聲譽的代表獎項，主要是表彰擁有最佳人力資源實踐、表現高水準員工敬業度和優秀工作場所文化的公司。除了是對企業打造幸福企業環境及員工治理的肯定之外，也可以藉此提升企業品牌形象，以吸引優秀人才加入最佳雇主獲獎企業。本獎項每年在柬埔寨、中國、香港、印度、印尼、韓國、馬來西亞、菲律賓、新加坡、台灣、泰國和越南舉辦「HR Asia 最佳企業雇主獎」的評選，2018 年在台灣開始舉辦遴選作業。遴選作業一共分為四階段，分別是企業報名、員工填寫問卷、線上會議訪談、進行評比並決定得獎名單。此外，該獎項採用全面評估模式（Total Engagement Assessment Model）進行員工問卷調查，共分成三大構面，分別是核心構面（包括企業文化、倫理道德、領導力及組織、積極主動）、個人構面（包括情感歸屬、意願及動機、行

第四章｜發展 持續努力邁向卓越

爲及信念）、團體構面（包括團體意識、工作環境之感受、團體動力），此亦可作爲有志成爲最佳雇主企業的努力方向與目標。

## 「幸福企業」獎項

1111人力銀行自2019年即開始舉辦幸福企業票選活動，2024年總共超過4000家公司參與幸福企業的評選，經由初選、網路票選、秘密客評比，最終經過綜合各項評比後，頒贈前10~15%企業獲得幸福企業金獎之榮耀。1111人力銀行「2024幸福企業」的票選共分爲11大類，包括「一般生活服務」、「大傳教育社福」、「營造建築」、「生技醫療」、「科技／能源研發」、「金融管顧」、「製造業」、「休閒娛樂服務」、「飯店旅宿」、「貿易流通業」及「餐飲服務業」等行業，結果共有494家脫穎而出，獲得幸福企業金獎標章認證。

此外，鑑於企業社會責任和員工幸福感已成爲社會關注的焦點，工商時報於2025年1月舉辦第一屆台灣幸福企業評鑑。活動分爲「中小企業組」及「大型企業組」，每組獎別設置「評鑑金獎」和「評鑑優質獎」。

企業評鑑的指標包含以下十項（摘錄自活動網頁）：

**1. 文化與價值觀**：企業是否有明確的價值觀和文化，這些價值觀是否與員工的價值觀相符。

**2. 員工溝通與參與度**：公司與員工溝通方式和透明度以及員工在公司

內部決策和創新中的參與程度。

**3. 福利與平等：**友善的福利制度，包括薪資水平滿意度、健康保險、彈性工時等，同時關注平等和多元共融化的政策。

**4. 職業發展機會：**公司是否提供員工有發展的機會，包括在職培訓、晉升管道暢通和專業發展支持。

**5. 工作環境：**考慮辦公環境、工作生活平衡、工作壓力等因素，確保員工在舒適的環境中工作，具備良好工作經驗，有效留任人才。

**6. 心理健康支持：**考慮是否提供心理健康支持，例如心理諮詢服務或工作壓力管理計畫。

**7. 創新與激勵：**公司是否鼓勵創新和提供激勵措施，發揮管理上的創意，以激發員工的積極性和創造力。

**8. 員工成長和學習：**公司是否鼓勵員工不斷學習和成長，並提供適當合宜的管道，以因應職涯發展所需。

**9. 培養團隊合作：**公司鼓勵和培養團隊合作，雇主與員工平等合作的思維，減少內部競爭，提升團隊技能，促進協作和共享知識。

**10. 彈性工作選項：**提供彈性工作選項、彈性工時、彈性地點、家庭支持措施，靈活設計工作制度，以滿足不同員工的需求。

以上評選標準除讓企業了解獎項遴選基準外，亦可作為關注員工體驗管理的企業提升形象與優化策略的參考。

# 第四章｜發展 持續努力邁向卓越

## 「企業永續」獎項

　　TCSA 台灣企業永續獎係由財團法人台灣永續能源研究基金會（TAISE）於 2008 年開始舉辦，其目的在於鼓勵企業提升公司經營永續與治理資訊之揭露。「TCSA 台灣企業永續獎」共分四大獎項類別，包括「永續綜合績效獎」、「永續單項績效獎」、「永續報告獎」、以及「永續傑出人物獎」等獎項。並於 2020 年起陸續增設「TSAA 台灣永續行動獎」與「Taiwan SIA 台灣永續投資獎」；2023 年增設「TWBA 台灣生物多樣性獎」；2024 年增設「TASA 台灣建築永續獎」、「TUSA 台灣永續大學獎」與「THSA 台灣健康永續獎」，致力於促進更多組織永續發展。

　　《遠見》雜誌舉辦的 ESG 企業永續獎，是最早推動 CSR 及 ESG 評鑑的指標性獎項之一，其最早為 2005 年開始舉辦的《遠見》企業社會責任獎。不但獎項歷史悠久而且具有社會公信力的企業永續獎項。該獎項一共分成兩大類，第一大類為綜合績效類，共分為六組，分別是傳統產業組、電子科技業組、金融保險業組、服務業組、電信暨資通訊業組、外商組。第二大類為傑出方案類，共分為八組，分別是職場共融組、人才發展組、低碳營運組、環境友善組、教育推廣組、公益推廣組、樂齡友善組、社會創新組。該獎項更於 2025 年開始新增第三大類，也就是醫療機構類，並分為五組，分別是醫療永續組、人才發展組、低碳營運組、公益推動組與樂齡友善組。以期許醫療機構更加積極推動 ESG 與企業永續的行動。

⊙ **參加相關獎項的價值**

　　參與這些獎項可以為企業帶來多方面的價值。首先，這些獎項通常由權威機構或媒體主辦，具有高度的公信力。企業若能入圍或得獎，對於企業形象或雇主品牌將有相當大的助益，也能夠提高吸引優秀人才的效果。例如，企業榮獲「最佳雇主」獎項能讓求職者對公司留下良好的第一印象，而「幸福企業」更是能彰顯公司對員工福祉的重視程度，更能夠贏得社會大眾的支持與認同。

　　這些獎項同時還能增強內部員工對公司的認同度。當員工得知自己服務的企業獲得外界肯定時，會感到驕傲並產生向心力。這種獲獎的肯定不僅是對企業的肯定，也是對員工辛勤付出的獎勵。更重要的是，參與獎項的過程本身也是一種學習提升的機會，企業透過提交申請資料，接受評鑑，系統性地檢視現有員工體驗策略與成效。例如，藉著評估指標，企業能識別改進的環節，同時獲得專業的建議，進而完善員工體驗管理策略。參與「最佳雇主」、「幸福企業」或「企業永續」等獎項，對企業有以下多重好處：

⊙ **參加獎項的準備**

　　參加這些獎項需要有系統的準備，以確保企業的努力與成果能充分展現在申請資料中。首先，企業應依自身核心價值與文化，選擇最符合發展方向的獎項。例如，注重職場文化與員工關懷的公司可以專注於申請「幸

福企業」，而注重創新和員工敬業度的企業則更適合參與「最佳雇主」的評選。一旦目標確立，準備工作應聚焦於全面展示企業的具體行動與成效，包括推動員工福利的具體政策，如心理健康支持、工作生活平衡計畫，以及改進後的量化成果，例如員工滿意度調查數據或績效提升的數據。

這些申請資料往往需要跨部門的合作來完成，尤其是人資部門、財務部門與行銷部門的密切配合。例如，人資部門提供員工體驗相關數據和規章制度，財務部門則協助展示與員工體驗相關的資金投入數據，而行銷部門則負責設計有吸引力的申請資料與品牌故事。此外，尋求專業顧問的協助也能提高申請的成功率，特別是首次參加評選的企業，可以透過研討會或成功案例的學習掌握最新的趨勢與標準。

如何將員工體驗管理由卓越推向更高層次，成為企業成功的核心驅動力，透過建立持續優化的系統，達成真正的永續發展。期許每一家企業都能從「做好」跨越至「卓越」，並在持續創新中追求「超越」，成為產業楷模。

## 04. 下一步：深化與慶功

員工體驗管理是一項長期工程，每個階段都凝聚著企業與員工的共同努力。適時的慶祝不僅能營造儀式感，更是強化企業文化與提升員工參與度的關鍵契機。透過慶祝活動，企業不僅能向員工傳遞正向激勵，也能向外界展現對員工體驗的承諾。

### ⊙慶祝活動的價值

慶祝活動的價值不僅限於活動本身，更承載著多重意義。慶祝是對員工努力的肯定，使員工感受到自己的付出被看見，進而提升參與感。同時，它也是傳遞企業價值觀的重要訊息，讓員工更深刻地理解企業對「以人為本」文化的重視。更重要的是，慶祝可以激發動力，讓員工在正向循環中持續為下一階段的目標努力，並將成果內化為組織發展的長期動力。

### ⊙設計符合企業文化的慶祝活動

設計慶祝活動時，需要根據企業文化與員工需求量身訂做。活動形式可以多元化，從正式的頒獎典禮到輕鬆的歡樂派對聚餐，關鍵是讓員工感受到被重視與鼓舞。例如，企業可以舉辦專屬的慶祝日，將某一天以員工

體驗的「里程碑日」命名，以紀念成果並展望未來。同時，也可以透過頒獎典禮表彰對公司員工體驗改進有傑出貢獻的團隊與個人。

內部文化活動也是有效的慶祝形式。比如舉辦主題講座、員工故事分享會或文化展示日，讓員工在輕鬆的氛圍中回顧成就。這些活動不僅能營造良好的氛圍，還能加強員工對企業文化的理解與認同。

## ⊙ 有形與無形獎勵的結合

除了活動本身，有形的獎勵也是慶祝儀式的重要部分。對於表現優異的員工或團隊，企業可提供現金獎勵、購物券或專屬禮品等有形回饋。同時，獎勵也能帶來更多情感連結，例如提供員工旅行、健康管理服務，或團隊聚餐等，這些獎勵不僅能讓員工感受到關懷，還能進一步強化他們對公司或團隊的歸屬感。

此外，無形的肯定與有形的獎賞同樣重要。企業可以透過內部刊物、全員郵件或內部影片，向員工傳遞感謝與祝賀，並公開分享成功背後的感人故事。這種形式的肯定能讓更多員工了解成果的意義，進一步增強對企業的認同感。

## ⊙ 結合企業願景與慶功

慶祝成功不應止於一次性活動，而是需要與企業的長期目標和願景緊密結合。企業可以在慶祝過程中，由高層闡述員工體驗管理對整體策略的

意義，並提出清晰的下一階段目標，領導者可以分享此次成果對提升企業競爭力、文化建立或品牌形象的貢獻，並激勵員工共同為更高目標而努力。

慶祝活動也可以成為員工參與未來計畫的重要平台。例如，企業可以設置創意分享環節，邀請員工提出對未來改進的建議。也可以透過設立「員工體驗大使」等角色，鼓勵志願者參與下一階段的策略推動，進一步增強員工的主人翁意識。

## ⊙延續正向影響力

慶祝活動不應僅是一場短暫的熱潮，而應該成為持續前進的動力。企業可透過多元管道延續慶祝的影響力，例如定期於內部刊物或電子報更新計畫進度，使員工掌握慶祝後的改進成效。同時，將成功案例分享到外部社交媒體（如公司的 FB 或 IG），進一步提升公司雇主品牌的影響力。

外部宣傳對於企業品牌形象的塑造至關重要。獲得內部員工的肯定後，企業應將這些成功故事進行外部分享，並展示其在員工體驗上的努力與成果。例如，一家連鎖企業在成功降低門店服務人員的離職率後，舉辦了一場盛大的慶祝派對，並頒發了「最幸福團隊」等獎項，同時還說明了未來計畫，透過這些活動不僅加深團隊的凝聚力，還強化了企業文化的深度。

此外，一家科技公司在推出全新的員工體驗平台後，舉辦一場文化體驗日，邀請員工分享平台為工作帶來的便利與改變。活動結束後，公司在

內部分享平台使用數據與員工回饋的內容，並成功提升了員工對平台的接受度與使用率。

## ⊙慶功的長遠價值

慶祝活動不僅是企業對推動員工體驗成果的肯定，更是推動未來行動的重要工具。企業應將每一次慶祝視為員工體驗管理長期進步的里程碑，從中汲取動力和靈感。透過持續優化與創新，將各階段的成果轉化為員工體驗的核心價值，實現業務發展與文化建設的雙贏。

當慶祝活動與企業願景相結合，並透過創新形式展現價值，企業不僅能提升員工滿意度，亦能吸引更多優秀人才加入，並成為產業典範，這正是企業推動員工體驗管理的終極目標，也是企業邁向卓越的關鍵一大步。

# 結語　成就卓越企業的核心策略

　　本書從多個層面深入探討員工體驗管理，涵蓋人才吸引、應徵者體驗優化、新人到職體驗營造，以及日常工作與職涯發展的提升，全方位展現『以人為本』的管理哲學。在現代企業中，員工體驗不僅僅是未來趨勢，更攸關企業留才的關鍵措施。從新進人員報到第一天的歡迎開始，到員工離職當天的道別，每一個接觸點的設計都展現了企業的價值觀、企業文化與組織承諾。

　　員工體驗管理的核心，不在於繁瑣的政策或華而不實的數據，而在於每個細節的累積與落實。從協助新人在到職第一天找到方向，到傾聽員工需求並提供支持，再到在離職面談中表達感激與祝福。這些看似普通的行為，卻能在無形中激起對員工深遠的影響，這些不僅塑造了個人的職場經驗，更為企業的長久聲譽奠定良好基礎。

　　在全球化的競爭環境中，企業的成功越來越依賴吸引並留住優秀的人才。薪資福利固然重要，但吸引人才的關鍵在於員工對企業文化的認同，以及價值觀的共鳴。正因如此，企業需要打造一個能讓員工充分發揮潛力、感受到尊重的工作環境，這就是我們在本書中反覆強調「員工體驗旅程」的真諦，也是所有卓越企業的共同特徵。

## 結語

　　作為管理者，我們應認識到，員工體驗管理不僅是人資部門的職責，更是一項跨部門的系統性工程。當組織每個人都願意成為這個系統的一部分，從經營層到管理層，再到最前線的員工，員工體驗才可能被真正實現。正如我們在書中所說，員工體驗設計需要從新人報到開始，一直到員工離職的每一個環節細心規劃，並結合評估數據的決策與不斷持續的改進。

　　這不代表企業應該盲目追求繁瑣流程或迎合外部標準。相反地，優秀的員工體驗管理往往源於企業對自身文化的深刻理解與創新應用。例如為新進員工設計更友好的報到流程，為團隊成員建立適才適所的職涯規劃，或者建立隨時接受員工意見的開放平台，都能夠帶來驚人的體驗效果。

　　當然，員工體驗管理並非一條坦途，在推動的過程中，企業可能會遇到資源分配、部門協調以及員工質疑等多方面的挑戰。然而，正如我們在書中提到那些值得學習的案例，當企業領導者真正將員工體驗視為核心價值，並持續投入資源與精力優化時，挑戰將成為前進的動力。

　　在這本書的最後，我們想要重申一個核心觀點：員工體驗管理的價值不僅是提升員工滿意度，更是為企業創造競爭優勢的重要策略。當一家公司能夠真正理解並實踐此理念，將會成為一個讓員工引以為豪、願意長期貢獻的地方。我們希望本書能為每一位讀者提供啟發，無論您是人資專家、企業主管、員工、甚至是學生，都能在這些案例與建議中找到適合自己的方式與行動方案。

　　員工體驗是企業的長期工程，每一個微小的進步，如同「原子習慣」

書中所說的，都將為企業帶來更大的回報。願我們能夠一起努力，為打造更人性化、以員工為中心、更可永續發展的職場環境而努力。未來，屬於那些真正關注並尊重員工價值的企業。

這段旅程即將告一段落，但更重要的旅程才正要開始。我們期待，員工體驗管理能在更多企業中深植並茁壯，更為組織與員工創造更美好的未來。

觀成長
# 員工體驗管理：以人為本，喚醒經營者的初心

| 作　　　者 | 鄭偉修、李秉懿 |
| --- | --- |
| 視覺設計 | 徐思文 |
| 主　　編 | 林憶純 |
| 行銷企劃 | 蔡雨庭 |

| 總 編 輯 | 梁芳春 |
| --- | --- |
| 董 事 長 | 趙政岷 |
| 出 版 者 | 時報文化出版企業股份有限公司 |
| | 108019 台北市和平西路三段 240 號 |
| | 發行專線—（02）2306-6842 |
| | 讀者服務專線—0800-231-705、（02）2304-7103 |
| | 讀者服務傳真—（02）2304-6858 |
| | 郵撥—19344724 時報文化出版公司 |
| | 信箱—10899 台北華江橋郵局第 99 號信箱 |
| 時報悅讀網 | www.readingtimes.com.tw |
| 電子郵箱 | yoho@readingtimes.com.tw |
| 法律顧問 | 理律法律事務所 陳長文律師、李念祖律師 |
| 印　　刷 | 絃憶印刷有限公司 |
| 初版一刷 | 2025 年 4 月 18 日 |
| 初版二刷 | 2025 年 6 月 11 日 |
| 定　　價 | 新台幣 350 元 |

版權所有 翻印必究
（缺頁或破損的書，請寄回更換）

員工體驗管理：以人為本，喚醒經營者的初心 / 鄭偉修、李秉懿作. -- 初版. -- 臺北市：時報文化出版企業股份有限公司, 2025.04
248 面；17*23 公分. --（觀成長）
ISBN 978-626-419-223-1（平裝）

1.CST: 管理者 2.CST: 組織管理
494.2                                    114000698

ISBN 978-626-419-223-1
Printed in Taiwan.